3次元設計手順の課題解決と3DAモデル・DTPDによるものづくり現場活用

一般社団法人電子情報技術産業協会
三次元CAD情報標準化専門委員会

藤沼　知久 著

日刊工業新聞社

目　　次

序章　3DA モデルと DTPD に移行するために必要なこと ……………1

0.1　電機精密製品開発プロセスの課題と 3 次元 CAD 導入の狙い ……………1
0.2　日本と欧米の機械設計の違い：図面レスと製図レス ………………2
0.3　3DA モデルと DTPD と 3D 正運用とは ……………………………4
0.4　現場目線での 3DA モデルと DTPD と 3D 正運用の導入 …………6
0.5　本書の構成と読み方 ……………………………………………………7

第 1 章　従来の「3 次元 CAD」とは：製造現場での 3D データ活用を前提としない「3 次元 CAD 設計」の強みと課題を知る ……9

1.1　3 次元 CAD の強み：設計者から見た 3 次元 CAD の魅力 ………10
1.2　3 次元 CAD の特徴：設計に役立つ機能 …………………………13
1.3　グループ設計とは：設計効率化のポイント ……………………18
1.4　基本方針：設計に 3 次元 CAD を導入するために ……………19
1.5　キックオフ：3 次元 CAD 設計の進め方の例 ……………………20
1.6　設計手法と運営ルール：3 次元 CAD 設計の手順① ……………21
1.7　3D データ管理：3 次元 CAD 設計の手順② ……………………22
1.8　3D データと図面の出図：3 次元 CAD 設計の手順③ ……………23
1.9　3 次元 CAD によるグループ設計：3 次元 CAD 設計の秘訣① …………24
1.10　3 次元 CAD 設計の効率化：3 次元 CAD 設計の秘訣② …………25
1.11　量産製品「デジタル家電製品」での 3 次元 CAD 設計事例 ……………28
1.12　受注製品「社会産業機器」の 3 次元 CAD 設計事例 ……………31
1.13　3 次元 CAD 設計の課題：設計事例から得られた教訓 ……………33

第 2 章　3 次元 CAD 設計から「3 次元設計」へ：3D データを多面的に活かす ……………………………………35

2.1　3 次元 CAD 適用の目的の再確認：3 次元 CAD 適用計画の立て直し……35
2.2　3 次元 CAD 設計と「3 次元設計」の違い：3D データの価値を全員で共有
…………………………………………………………………………35
2.3　「3 次元設計」のスコープ：3D データをどう使うか ……………37
2.4　製品開発プロセス分析：3D データを、まずどこで使うか ……………38
2.5　設計部門以外での 3D データ活用：プロセス別の 3D データ活用方法…44

ii 目　次

| 2.6 | 3D データと図面の出図 | 54 |

2.6　3D データと図面の出図 ……………………………………………………54

2.7　設計手法と運営ルールの強化：全員で「3 次元設計」をするために……55

2.8　量産製品「デジタル家電製品」における「3 次元設計」導入事例………55

2.9　受注製品「社会産業機器」における「3 次元設計」導入事例…………66

2.10　「3 次元設計」の課題：3D データを活用した 2 つの設計事例から得られ
　　　た教訓 ……………………………………………………………………79

　〈コラム 1　効率的で、付加価値の高い設計工数の調査方法〉………………81

第 3 章　3D データと図面を 3DA モデルへ：設計情報のデジタル 化と構造化 ………………………………………………………82

3.1　3D 単独図の課題と解決：3D 単独図の何が問題なのか …………………82

3.2　3DA モデルの定義：3DA モデルとは何か ………………………………85

3.3　3DA モデルの要件：3DA モデルは何ができるのか ……………………86

3.4　3DA モデルのスキーマ：3DA モデルの作り方の原則 …………………87

3.5　設計情報調査分析：3DA モデルをどう作る ……………………………88

3.6　グラフィック PMI とセマンティック PMI：設計情報をものづくりに
　　　伝えるために ………………………………………………………………91

3.7　要素間連携：3DA モデルを効率的に作るために …………………………96

3.8　ヒューマンリーダブルとマシンリーダブル：相反する要件の統合………99

3.9　ものづくり工程に応じたマルチビュー：設計情報を見やすく表記……102

3.10　設計情報の管理システムとリンク：設計情報を効率よく運用するために
　　　……………………………………………………………………………103

3.11　3DA モデルの検図：3DA モデルで設計することの旨味………………105

3.12　3DA モデルの出図：3DA モデルで出図をするために必要なこと ……109

3.13　設計手法と運営ルールの強化：全員で 3DA モデルを使うために ……110

3.14　量産製品「デジタル家電製品」の 3DA モデル事例：具現化と効果…110

3.15　受注製品「社会産業機器」の 3DA モデル事例：具現化と効果………123

　〈コラム 2　部品構成は、BOM（部品構成表）が先か、CAD アセンブリが先か〉…144

第 4 章　3DA モデルから DTPD を作成し現場活用する：設計情報 とものづくり情報の連携 ……………………………………145

4.1　設計と製造の連携の経緯：目指す姿と課題は何か……………………145

4.2　DTPD の定義：DTPD とは ………………………………………………151

4.3　DTPD の要件：DTPD は何ができるのか………………………………152

4.4	DTPD のスキーマ：DTPD の作り方の原則	153
4.5	ものづくり情報調査分析：DTPD をどう作る	157
4.6	3DA モデルの品質：3DA モデルを DTPD で直接使うための確認事項	159
4.7	3DA モデルから DTPD へのデータ変換：3DA モデルから DTPD を作る	164
4.8	DTPD でセマンティック PMI の取り扱い：設計情報をどう直接使うのか	165
4.9	DTPD でデジタル連携：設計情報とものづくり情報を効率よく運用するために	167
4.10	属性情報の XML 表現と運用：3D ではない関連情報のやり取り	171
4.11	ヒューマンリーダブルとマシンリーダブル：相反する要件の統合	175
4.12	量産製品「デジタル家電製品」の DTPD 事例：具現化と効果	175
4.13	受注製品「社会産業機器」の DTPD 事例：具現化と効果	196

〈コラム 3　異なる専門知識を持つ設計者と生産技術者が協力するための鍵〉… 221

第5章　3DA モデルと DTPD の進化：実務上の課題を超えて、あるべき姿へ …… 222

5.1	3DA モデルと DTPD の課題：設計事例から得られた教訓	222
［1］	事前準備	222
［2］	技術ノウハウの流出	224
［3］	伝わる情報の限界（強力なインフラが必要不可欠）	225
［4］	データの大容量化	226
5.2	3DA モデルと DTPD の展望：ものづくり DX に向けたステップ	227
［1］	産業界や国を超えた取り組みと標準化	227
［2］	インフラの強化とクラウドコンピューティング	231
［3］	集約した設計情報／ものづくり情報を知識として幅広く活用	232

〈コラム 4　CAx から MBx への移行〉 … 235

おわりに … 236

参考文献 … 238

序章
3DA モデルと DTPD に
移行するために必要なこと

　30 年前、3 次元 CAD を製品開発に導入した当初、多くの設計者は 2D 図面がなくなり、全ての設計情報が 3D 化され、完全に連携する「3D 正」（0.3 節参照）の設計が現実になると期待した。しかし、現実はそれほど単純ではなかった。3 次元 CAD の機能不足や標準規格の欠如、サプライヤーとのデータ交換の問題など、解決すべき課題が山積みであった。しかし、ここ 10 年ほどで状況は変わりつつあり、3D 設計情報のモデリング（3DA モデル）とものづくり工程での活用（DTPD）により状況が変わってきた。

　今こそ、現場目線で、2D 図面主体の製品開発段階から「3DA モデルと DTPD に移行する方法」を紹介する必要がある。

0.1　電機精密製品開発プロセスの課題と 3 次元 CAD 導入の狙い

　製品開発とは、**図表 0.1** に示すように、製造や市場投入までに必要な情報を製品仕様に連続的に付加する作業である。機械設計者は、設計情報の作成・伝達・確認・対応に大きな負担を抱えている。特に、製品開発プロセスの分断で設計情報が下流に伝わらない場合は、設計者にも、下流工程の技術者にも、本来不要な情報の再入力や確認作業など、大きな負荷が強いられる。

　電機精密製品の開発は、機能の開発と設計を行い、部品調達をして、自社工場で組み立て、製品を販売するという自社完結の形態がほとんどであった。近年では、生産製造委託など、社外サプライヤーへ設計成果物を送って作業を代行してもらうことが増えており、製品開発プロセスの分断は増加傾向にある。

　3 次元 CAD では、コンピュータ上で製品形状が明確な数学表現でモデル化できるため、重量や慣性モーメントなどの質量特性の計算やより複雑な解析など、様々な技術的評価が可能となる。また、その外形は 3 次元的に自由に回転、拡大、

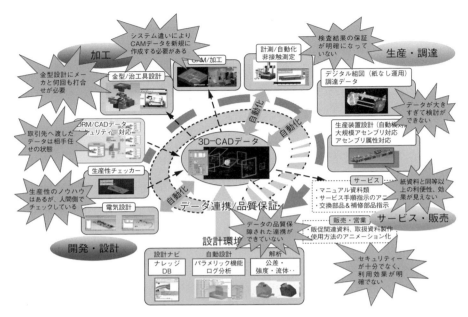

図表 0.1　製品開発プロセスの分断

縮小しながら表示できるので、設計イメージは直感的かつ正確に確認、共有される。その登場により、製品開発プロセスの分断が解決されることも期待された。しかし、実際には、2D 図面はなくならず、2D 図面と 3D データが併用された設計情報が伝達されており、製品開発プロセスの分断という課題は解消されていない。

0.2　日本と欧米の機械設計の違い：図面レスと製図レス

　日本の電機精密製品産業界では、図面を 3D データに置き換えて、製品開発プロセスの分断を解決しようと考えた。すなわち、図面レスである（**図表 0.2（1）参照**）。しかしながら、図面並みに 3D データを仕上げる施策に対して、3 次元 CAD には図面並みの情報を作成する機能がなく、JIS/ISO/産業界の規格通りに描けなかったことで、図面は必要との結論に至り、「3D データ＋2D 図面」の運用が長く続いている。

　また、2D 図面は、形状は 3D データからの投影形状だが、寸法線・注記・公差・詳細断面図は 2D 図面作成工程で付加されるものであり、厳密な意味での 3D

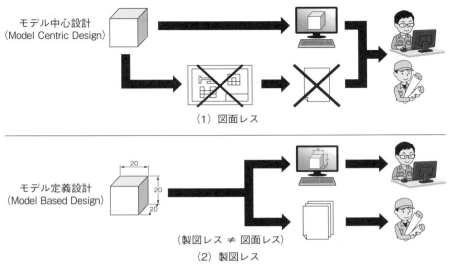

図表 0.2　図面レスと製図レス

データとは異なり、紙に印刷した2D図面と3Dデータに食い違う部分があるときは2D図面が正しかった。そのため、製品開発プロセス間の情報伝達は2D図面となり、製品開発プロセスの分断は解決できなかった。

一方で、欧米では、2D図面の表記と3Dデータの表現に拘らず、設計情報を完全にデジタル化して、設計情報を全て3Dデータに包含する、すなわち、製図レスが提唱された（図表0.2（2）参照）。そのうち、全ての設計情報を完全にデジタルデータとして定義することを、MBD（Model Based Definition）と呼んでいる。このMBDを全ての企業およびサプライヤーを含めた活動（生産・製造・計測・物流・販売・保守サービス・顧客評価のフィードバック）で活用して、製品開発プロセスの連続性を保つことができるものは、MBE（Model Based Enterprise）と呼んでいる。

社会では、IoT（Internet of Things）とCPS（Cyber-Physical System）に代表される「もののインターネット」による高度な情報利用、Industry 4.0とSmart Manufacturingに代表される高度な製造システムの実現、デジタライゼーションとデジタルトランスフォーメーションに代表される企業活動情報のデジタル化による企業活動改革が、同時に起きている。MBDとMBEは、この動きにも密接に連携している。

0.3 3DAモデルとDTPDと3D正運用とは

　設計情報を3Dモデルとして完全にデジタルデータで表現して、ものづくりの工程で活用する取り組みが推進されているのは欧米だけではない。一般社団法人電子情報技術産業協会（JEITA）三次元CAD情報標準化専門委員会では、電機精密製品設計の事例を、デジタル製品技術文書情報規格（JIS B 0060シリーズなど）に基づき、機械設計者・技術管理者の立場で調査・分析して、設計情報のデジタルデータ化の方法をまとめて、3DAモデル（3DAnnotated Models：3D製品情報付加モデル）として定義した（**図表0.3**参照）。

　また、電機精密製品開発の事例を、調達・生産・製造・電気電子設計・CAEなどの専門家の立場で調査・分析して、3DAモデルの活用方法と各工程で使われるDTPD（Digital Technical Product Documentation：デジタル製品技術文書情報）の作成と活用方法をまとめた（**図表0.4**参照）。

　さらに、3DAモデルからDTPDを作成し、DTPDで調達・生産・製造・電気電子設計・CAEなどの工程を実施することを3D正運用（**図表0.5**参照）と定義した。

　そして、電機精密製品産業界だけでなく、金型産業界、計測産業界、自動車産業界など他産業界の設計者・技術者に、自らの実践事例で3DAモデルとDTPD

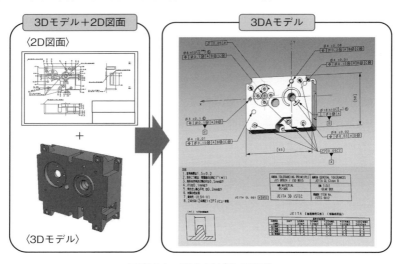

図表0.3　3DAモデルの定義

序章 3DA モデルと DTPD に移行するために必要なこと　5

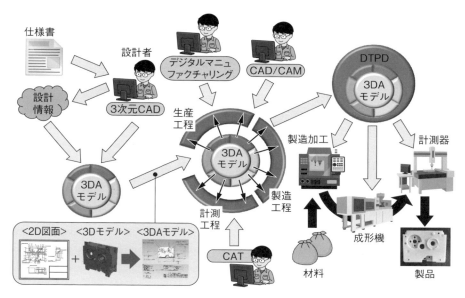

図表 0.4　DTPD の定義

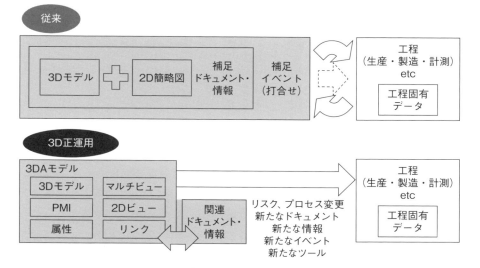

図表 0.5　3D 正運用とは

と 3D 正運用を長年に渡って紹介してきた。この活動により、製品の機能構造、規模、開発期間などが異なっても、製品開発では共通点が多いことがわかったが、どのように現状の製品開発から 3DA モデルと DTPD と 3D 正運用に移行すればよいのか、具体的に知りたいといった要望が多数あった。

0.4 現場目線での 3DA モデルと DTPD と 3D 正運用の導入

製品開発プロセスにおける情報伝達を、図面から「3DA モデルと DTPD」へ切り換えるには、パラダイムシフト（刷新）が求められる。しかしながら、電機精密製品開発の現場は、コンピュータや 3 次元 CAD などの設備、長年に渡って培ってきた製品開発プロセス、製品開発プロセスに関わる人たちの意識を無視できないので、必ずしも、パラダイムシフト（刷新）は得意ではない。そのため、現状の製品開発からのステップアップで、3DA モデルと DTPD と 3D 正運用に移行する具体的な手順や方法を示す必要がある。

よって自らの実践事例と電機精密製品開発などの事例を、現場目線で、再び調査・分析した。その際に、2 つの前提条件があることに気づいた。

1 つは、3D データ（3DA モデル）で出図をして、設計成果物の 3D データ（3DA モデル）を、調達・生産・製造・電気電子設計・CAE などの工程で直接活用することである。2D 図面を介していては、要素間連携に基づく設計意図の伝搬など 3DA モデルの良さが生かされない。これは、3DA モデルと DTPD と 3D 正運用に移行する前に実施しておくべきである。

もう 1 つは、設計情報の完全なデジタルデータでの表現である。部品形状、部品構成、公差、指示事項は 3DA モデルに組み込んでいても、製品開発では作業履歴、変更履歴、コスト情報、計画などの属性情報も使用される。これらもデジタルデータとして表現し、かつ 3DA モデルと連携する必要がある。これは、3DA モデルと DTPD と 3D 正運用への移行前と移行中に段階的に実施すべきことである。従って、本書では 3 次元設計のステップに合わせて説明することにした。

2020 年に経済産業省がまとめた「2020 年版ものづくり白書（ものづくり基盤技術振興基本法第 8 条に基づく年次報告）」では、「3 次元設計は普及しておらず、企業間や部門間でのデータの受け渡しも 2D 図面を中心に行われている」とある。現段階では、3 次元設計と一口に言っても、2D 図面の出図（企業間や部門間での

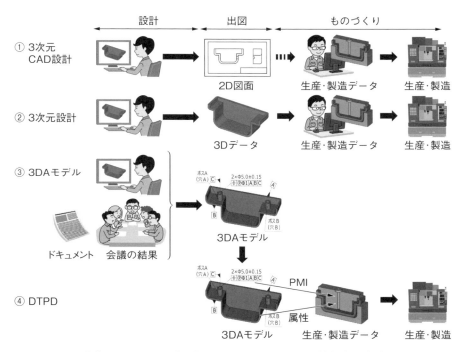

図表 0.6　3DA モデルと DTPD と 3D 正運用に移行する方法

データの受け渡しが 2D 図面中心）と 3D データの出図（企業間や部門間でのデータの受け渡しが 3D データ中心）に分類される。これは、先の設計成果物の 3D データ（3DA モデル）を、調達・生産・製造・電気電子設計・CAE などの工程で直接活用できるかどうかにも関わってくる。そこで、**本書では、前者を「3 次元 CAD 設計」と呼び、後者を「3 次元設計」と呼ぶことにした。**

図表 0.6 には、現在の図面主体の製品開発から、3DA モデルと DTPD と 3D 正運用に移行する方法をまとめた。

0.5　本書の構成と読み方

ここで、本書の第 1 章からの構成を説明する。

第 1 章では、3 次元 CAD の利点と特徴を再確認してから、現在の製造業で行われている 3 次元 CAD 設計（2D 図面の出図）を紹介して、3 次元 CAD 設計の課

題を考える。

　第2章では、3次元CAD設計から3次元設計（3Dデータの出図）へ移行する方法を紹介する。部品製造、生産組立、計測、電気電子設計、ソフトウェア設計での3Dデータ活用を説明し、3次元設計での課題を考える。

　第3章では、3DAモデルがどのようなものか、定義と構成要素を説明する。2D図面の設計情報を3DAモデルに実装する方法と、設計で3DAモデルをどのように活用するかを紹介する。その中で、3DAモデルの効果を考える。

　第4章では、DTPDがどのようなものか、定義と構成要素と要件を説明する。ものづくり情報をデジタル化して、3DAモデルとものづくり情報を組み合わせてDTPDを作る方法と、3D正運用で設計情報とものづくり情報を取り扱う方法を紹介する。その中で、DTPDの効果を考える。

　最後に、第5章では、3DAモデルとDTPDの課題を説明し、課題解決につながる展望を説明する。

　各章では、現場の設計者や技術者がすぐに実践できるように、最初に基本的な考え方を説明し、量産製品と受注製品を対象とした実践事例の中で具体的な方法、作業例、効果と課題を解説する。また、本書では、3DAモデルとDTPDの内容と作業手順の理解を優先するために、作業内容を単純に特化して、そのほんの1例を紹介する。

第 1 章
従来の「3 次元 CAD」とは：
製造現場での 3D データ活用を前提としない 従来型「3 次元 CAD 設計」の強みと課題を知る

　CAD は設計業務において設計者を支援する道具である。道具ということは、その効果を発揮するのはユーザーである設計者次第である。つまり、道具（CAD）の目的と特性を知って、それをどう使えば自分にとって便利になるかを考えることが重要になる。CAD は、対象となる次元によって目的が変わってくる。2 次元 CAD であればコンピュータを使って製図をする。3 次元 CAD であれば製図ではなく、モデリングをする。ここでのモデリングとは、3D データを作ることである。

　3D データとは、製品形状イメージを忠実に 3 次元空間上に表現した、内部情報を持つ実在感のあるコンピュータ上のデータである。製品形状イメージを忠実に表現できるということは、設計者自身が設計イメージを具体的に確認できると同時に、第三者に設計イメージを具体的に伝えることができる。設計者は頭の中に製品形状や構造をイメージしているが、これを絵に描いて、ましてや細部や動きを伝えることは難しく、手間が掛かる作業である。3D データを使えば、これを回避することができる。内部情報を持つため、その内部情報を伝えることもできる。体積、重心や表面積などの質量特性を計算でき、形状データを見た目のイメージだけでなく、数値データと曲線数式により再現できる。3 次元 CAD は、設計者にとって、とても便利なものであり、自分にとってふさわしい使い方を覚えれば、この道具を使って 3D データを自由に作ることができる。そのため、製品開発プロセス改革やものづくり DX（デジタルトランスフォーメーション）を推進するには、3 次元 CAD の利活用が必須である。

　ここで、改めて、3 次元 CAD による設計を説明する。

1.1　3次元 CAD の強み：設計者から見た3次元 CAD の魅力

まずは、その3次元 CAD の強みを機能別に簡単に紹介する。当然、すでに使っている人にとっては、常識であることも多いが、本書後半の 3D データ活用を知るため、改めて整理して理解してほしい。

[1]　曲面形状の把握がしやすい

図表 1.1 にデジタル家電製品の筐体例を示す。デジタル家電製品の筐体は自由曲面で覆われていることが多い。ユーザーが手にした時にぴったりとくる感触が重要で、特にボタンを押した時などの手触りと動きにあった曲面で形成されており、設計者が一番考えるポイントでもある。また、机の上に置いた時や屋外で使う時の光の反射も見た目を左右する。

図表 1.1（1）はデジタル家電製品の 3D データ、図表 1.1（2）は同じデジタル家電製品の筐体の 2D 図面である。2D 図面では、断面形状や角の丸み等の指示で曲面形状を示しているが、これだけでは金型設計はできない。そのため、モックアップを別に作成して、製品設計者と金型設計者との間で何度も何度も打合せをして、筐体形状を検討し、金型製造後の試作でもその調整をすることになる。

これに対して、図表 1.1（1）の 3D データでは、曲面形状が誰にでもわかるように表示できる。

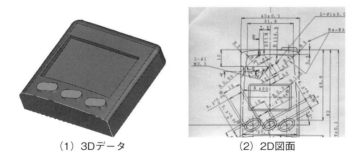

（1）3D データ　　　　　　　（2）2D 図面

図表 1.1　曲面形状をイメージするのは 3 次元 CAD モデルの方が容易

[2]　機械の内部構造を理解しやすい

図表 1.2 のようなデジタル家電製品には、たくさんの電気電子部品が実装されており、電子部品を支持するために筐体内部にはボスやリブが設置されている。

第 1 章　従来の「3 次元 CAD」とは　　11

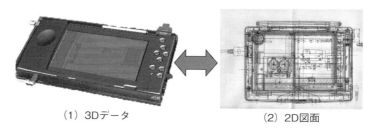

　　　　(1) 3D データ　　　　　　　　　　　(2) 2D 図面
図表 1.2　内部構造を理解することも 2 次元 2D 図面では容易ではない

　2D 図面の組立図（図表 1.2（2））を見ると、電子部品が実装されている様子がわかるが、隠れ線が多くて位置関係はわかりづらい。3D データのアセンブリ（図表 1.2（1））では筐体を半透明表示にすることで、実装されている電気電子部品の位置関係が見える。どの位置、どの方向でも、コンピュータ上で断面を作成して、電気電子部品と筐体との隙間の距離を測ることもできる。

[3]　機構部品の動きを把握しやすい

　2D 図面で機構部品の動きを示す場合、補助線を使って間隔ごとに位置や姿勢を描くことでしか、機構部品の動きを表現できない。3D データでは、**図表 1.3**（2）のように機構部品の動作をアニメーションで表現できるので、設計者以外の人にも理解しやすい。部品と部品が衝突することを部品間干渉というが、その部品間干渉の判定は部品と部品が衝突しているかどうかを計算で調べる。これも 3 次元 CAD の重要な機能である。図表 1.3（1）のように、機構部品が動作中でも部品間干渉判定を調べて、部品と部品が干渉したところで動作を停止させることもできる。

 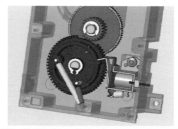

　　(1) 機構部品の干渉チェック結果　　　(2) 機構部品の動作（アニメーション）

図表 1.3　機構部品の動作と干渉、機械の組立も、3 次元 CAD はわかりやすい

そのほか、複雑な機械の組立手順などもアニメーション表示をすることにより順番が明確になり、取り付けの位置や方向も理解しやすい。

[4] 2D 図面に比べて、形を理解しやすい

ここで、2D 図面での形状把握の難しさを体感して欲しい。**図表 1.4** に、2D 図面に部品の上面図・正面図・側面図が描かれている。この部品の立体形状をスケッチして欲しい。正解は**図表 1.5** のような立体スケッチになる。上面 2 か所の凹みの位置関係が難しかったのではないだろうか。

これも当然ながら、はじめから 3 次元で表現すれば、問題なく理解できる。

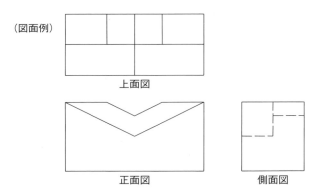

図表 1.4　2D 図面の難しさを体感してみよう

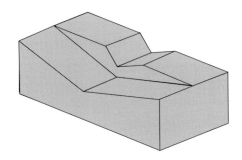

図表 1.5　2D 図面の難しさを体感してみようの正解

1.2 3次元CADの特徴：設計に役立つ機能

2次元CADは製図器具（ドラフターと筆記用具）を電子化した道具である。だが、その一方で、3次元CADは2次元CADを3次元化した電子製図と考えるのは大きな間違いである。ここで、3次元CADがお絵描きソフトや2次元CADと大きく異なることを、ヒストリー&フィーチャベースの3次元CADの例に、その特徴的な機能を紹介することで示す。

[1] フィーチャ

フィーチャとは、形状を構成する基本単位のことである。**図表1.6**に示すような、突起、カット、面取り、穴、回転体といった形状特徴や機能の種類で存在する。3次元CADでもスケッチ画面で点と線から形状を作成するが、これは形状全体ではなく、フィーチャを作って表現している。つまり、3次元CADの部品はフィーチャの積み重ねで形状が作成されている。そのため、設計変更が発生しても、該当するフィーチャのみを形状変更すれば、他のフィーチャは形状変更をする必要がなく、柔軟に対応できる。

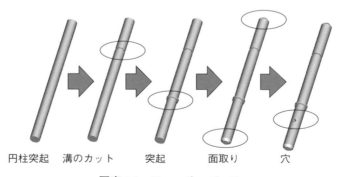

円柱突起　溝のカット　突起　面取り　穴

図表1.6　フィーチャベース

[2] パラメトリック修正機能

3次元CADの部品は明確な寸法で構成されており、寸法はパラメータになっている。寸法の数値を変更することで部品形状が変わる。寸法と寸法には形状拘束による相互関係があるので、線や面を追加しなくても部品形状を変更することができる。また、形状拘束やパラメータ指定箇所の違いにより形状変更の結果も

変わる。**図表 1.7** の（1）では直方体を 5 から 10 に長くしても、直方体と軸の全長は 15 で変わらない。図表 1.7 の（2）で直方体を 5 から 10 に長くすると、直方体と軸の全長が寸法拘束されていないので、結果的に直方体と軸の全長は 20 になる。このように、設計者の負担低減のために、拘束は設計者が意識をすることなく設定されることが多い。

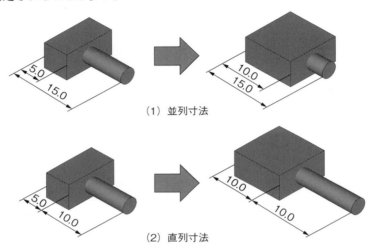

図表 1.7　パラメトリック修正機能

［3］　相互関連

3次元 CAD の部品を形状変更すれば、アセンブリ（組立品）の中の部品も形状変更される。3次元 CAD でも 2D 図面があり、部品とアセンブリのそれぞれで 2D

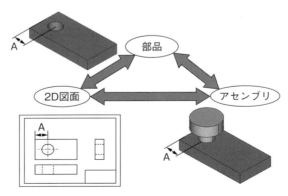

図表 1.8　相互関連

図面がある。3次元 CAD では、**図表 1.8** に示すように、部品、アセンブリ、2D 図面に相互関連があり、部品のサイズ A を形状変更すれば、アセンブリと 2D 図面のサイズ A も形状変更する。部品、アセンブリ、2D 図面のどれか 1 つを形状変更すれば、他の 2 つに形状変更が反映される。これを相互関連と呼ぶ。

[4] リレーション機能

　設計者は部品の寸法を部品機能、他の部品との位置関係や結合関係などの設計意図によって決定する。寸法が数値で与えられただけであれば、設計意図を織り込むことはできないが、3D データの寸法に数式やパラメータを用いることで、設計意図を組み込むことができる。

　例えば、**図表 1.9** に示すように、穴が開いた平板部品の長さ d1 を 10 から 20 に変更し、幅 d0 は 10 のままとする。穴の中心位置は、平板部品の頂点から幅 d2 と長さ d3 にある。穴は平板部品の中心に開けるという設計意図を d2 と d3 の 2 つの数式で表現している。リレーションなしの場合は数式が使われないので、穴の位置は 5 のままで平板部品の中心からずれてしまう。リレーションありの場合は数式が使われるので、穴の位置は平板部品の中心になる。

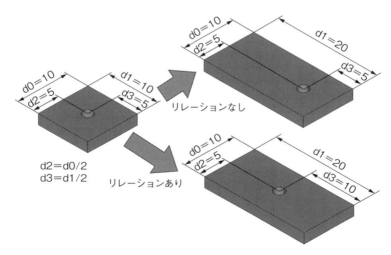

図表 1.9　リレーション機能

[5] アセンブリ機能

3Dデータでは、部品をモデル空間に配置してアセンブリを作成する。この時に、部品と部品の関係（アセンブリ拘束）を付加する。アセンブリ拘束には、部品と部品が互いの面で接触する、中心軸が一致して穴の中に軸がはめ込まれる、部品と部品が一定の角度や距離を保った位置に配置される、などがある。そのアセンブリ拘束は、部品と部品の位置関係の他に自由度（部品の可動方向）を定義できる。部品が設計変更により形状が変わっても、アセンブリ拘束により他の部品との位置関係や自由度は保持される。

図表 1.10 の例では、軸部品の軸長やフランジ部直径が変更しても、軸部品は平板部品の穴にはめ込んだままとなる。

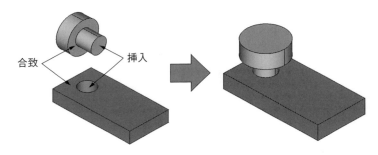

図表 1.10　アセンブリ機能

[6] ヒストリー

ヒストリーとは、3Dデータの作成手順を保存したもので、履歴とも呼ばれる。ヒストリーはフィーチャやコマンドの単位で構成され、アセンブリ拘束も含まれる。3次元CADでは、そのヒストリーを遡ることで形状変更を容易にする。ヒストリーを遡って、形状変更をしたい寸法のパラメータを変えれば、それ以降の形状作成を自動で行うことができる。

ただし、設計者の負担低減のために、拘束は設計者が意識をすることなく設定されることが多いので、変更したパラメータとの拘束関係がある他のパラメータも変わってしまい、設計者が期待していない形状や位置関係になってしまう可能性がある。そのため、ヒストリーを遡って設計変更する場合、フィーチャやコマンドが同じでも、その順番により形状が異なることを意識することが重要になる。

図表 1.11 の上側では、押し出し突起、ラウンド（角R付け）、シェル（薄肉化）、

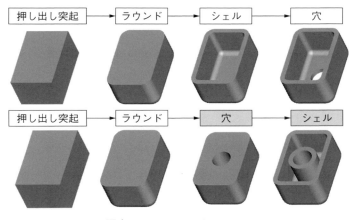

図表 1.11 ヒストリーベース

穴のフィーチャ作成順番で部品が作成される。最後の 2 つのフィーチャの順番を入れ換えて、押し出し突起、ラウンド（角 R 付け）、穴、シェル（薄肉化）のフィーチャ作成順番にすると、図表 1.11 の下側のように穴部分が盛り上がったボスを持つ部品形状が変わる。

［7］ 親子関係

　3 次元 CAD は、先に紹介したフィーチャや形状を参照して部品形状を作成する。その参照フィーチャや参照形状が親となり、親から作成されたフィーチャや形状が子になる。3 次元 CAD ではフィーチャ作成手順が重要と説明したが、この親子関係も重要になる。

　親子関係が連続的に連なっている場合に、中間の親子関係を排除してしまうと、部品やアセンブリが構成されないというエラーを引き起こす。**図表 1.12** に示すように、円柱形状が組み合わさった部品、直径を段階的に小さくして押し出し突起を繰り返した部品を考える。図表 1.12 の上側では円柱部分の高さを、すぐ下の円柱部分の上面から定義する。円柱部分の高さは親子関係の繰り返しとなっている。2 段目の円柱部分を削除すると、3 段目の円柱部分の高さの基準面（2 段目の円柱部分の上面）がなくなり、高さを定義できなくなるので、部品が構成されなくなりエラーとなる。図表 1.12 の下側では円柱部分の高さを常に 1 番下の円柱部分の底面から定義する。円柱部分の高さは親子関係の連続ではなく、1 対 1 の親子関

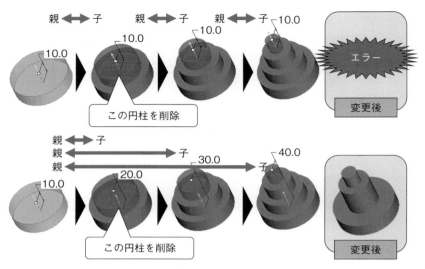

図表 1.12　親子関係

係となっている。2段目の円柱部分を削除しても、3段目の円柱部分の高さは1段目の円柱底面（基準面）からの距離で定義されるので、2段目の円柱部分がなくなった状態で部品が構成される。

このように、3次元CADでは、フィーチャや形状の作成順番と、フィーチャや形状の親子関係を考えて設計することが重要になる。

1.3　グループ設計とは：設計効率化のポイント

ここで、機能面とは異なる3次元CADの大きな特徴として、グループ設計を説明する。グループ設計とは2人以上の設計者が協力して設計をすることであるが、グループ設計での部品共有と反映が、2次元設計と3次元設計とでは大きく異なる。**図表 1.13** を見て欲しい。

2次元設計でのグループ設計は、部品を共有するというより、部品図を一時的に共有するだけである。共有後に元の部品を設計変更しても、共有している部品には設計変更が反映されない。設計変更後に部品図を入れ換えれば、共有している部品に設計変更を反映できる。ただし、組立図では共有部品に設計変更を反映することはできない。組立図の部品に直接設計変更をしなければならない。2D

第 1 章　従来の「3 次元 CAD」とは　　19

（1）2次元設計でのグループ設計　　（2）3次元CAD設計でのグループ設計

図表 1.13　グループ設計

図面が、3面図であれば正面図、上面図、側面図を順番に書き換える必要がある。3面図は部品形状を表現するものの、それは間接的なもので、3方向間を補足する必要がある。

　3次元CADでのグループ設計は、部品形状を共有する。共有後に元の部品を設計変更すると、共有している部品にも設計変更が反映される。すなわち、3次元CADではデータ共有・管理機能により、文字通りに同じ部品を2人の設計者が同時に使っていることになる。部品の入れ換えをする必要がない。また、部品形状そのものを直接的に表現するため、干渉判定や質量特性計算など、部品形状を使用した設計評価機能も利用できる。

1.4　基本方針：設計に 3 次元 CAD を導入するために

　ここで、改めて、ここまで述べてきた3次元CADを設計に適用することを「3次元CAD設計」と呼ぶことにする。新たに3次元CAD設計を導入する場合の方針を示す。

- 3次元CAD適用の目的を確認する
  〈設計のどんな課題を解決するために、何をすべきか？〉
- 誰が設計しても、同じ品質の3Dデータとなるようにする
  〈そのために、何を考えるべきか？〉
- グループ設計を実現するために、複数の機械設計者で同じ3Dデータを利用する
  〈そのために、何を考えるべきか？〉

1.5　キックオフ：3次元 CAD 設計の進め方の例

　3次元 CAD 設計を新たに立ち上げる場合には、**図表 1.14** に示すように、3次元 CAD 利用環境と設計ルールを構築し、その操作と設計手順と運営ルールを習得することを考える。例えば、以下のような手順で遂行する。

① 　設計者から代表を選出して試行・適用プロジェクトを発足
② 　代表メンバーが3次元 CAD 操作を習得
③ 　代表メンバーが3次元 CAD の設計手順と運営ルールを整備
　　（この時に3次元 CAD の専門家が加わるとよい。）
④ 　代表メンバーが3次元 CAD 操作、設計手順と運営ルールの教育内容を検討する
　　（これらを他の設計者に教える。3次元 CAD の専門家が教育してもよい。）
⑤ 　3次元 CAD に必要なハードウェア、3次元 CAD ソフトウェアと3次元 CAD データ管理ソフトを導入設置
⑥ 　3次元 CAD データ管理を整備（3次元 CAD の専門家が加わるとよい）
⑦ 　④の教育を受講して、適用機種を決めて、3次元 CAD 設計を試行
⑧ 　試行結果（目標達成・課題）を3次元 CAD の設計手順と運営ルールへ反映、教育カリキュラムを変更、さらに次の3次元 CAD 設計の施策を検討
⑨ 　運用システムサポートをサポート部門に移管

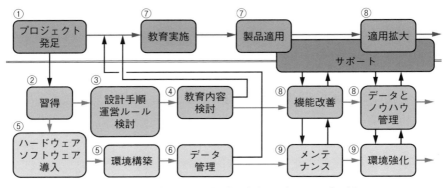

図表 1.14　3次元 CAD 設計の立ち上げステップの例

1.6　設計手法と運営ルール：3次元 CAD 設計の手順①

図表 1.15 に 3 次元設計手法と運営ルールの例を示す。

[1]　3 次元 CAD 設計手順

3 次元 CAD 設計手順とは、設計仕様から部品作成と変更、アセンブリ作成と変更、2D 図面作成と変更をどのような手順で行い、製品の 3D データを作るかを示す手順である。3 次元 CAD の特徴で示した形状生成手順により 3D データの完成が異なることを考えて、設計開始から出図まで混乱なく設計が行なえること、複数の設計者がグループ設計で部品共有や形状変更を行っても混乱なく設計ができること、進捗管理に対して、どの段階で、どのデータができているのか、を明確にすることをポイントに考える。

[2]　運営ルール

運営ルールとは、3 次元 CAD 設計において、設計者が絶対に守るべきルールである。運営ルールの無視はグループ設計や進捗管理へ大きな妨げになる。担当者向けと管理者向けの運営ルールがある。企業や製品によってその扱いは異なるので、以下の事例では説明を省く。

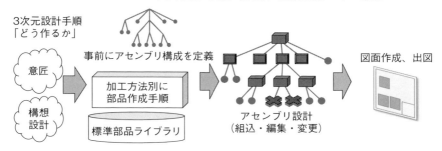

図表 1.15　3 次元 CAD 設計手順と運営ルール

1.7　3Dデータ管理：3次元CAD設計の手順②

　3Dデータ管理は、図表1.16に示すように、PDM（成果物管理システム；Product Data Management）を使うことにより、円滑にグループ設計することができる。さらに、他の設計者からの設計情報のやり取りも可能になる。

- バージョン制御
  様々なソースからのあらゆる増分的な設計変更を管理する。
- 変更制御
  不注意な、または認証のない修正を防止する〔図表1.16（1）参照〕。
- 保管
  情報を効率的かつ安全に保存する。
- 設計コンフィギュレーション管理
  システムに既知の任意のコンポーネントの組み合わせからプロダクト・コンフィギュレーションを構築する〔図表1.16（2）参照〕。
- 分散された作業環境
  個人の動作をチームの動作に結び付ける。
- プロダクトライフサイクル管理
  設計の進行と状態を最初から最後まで追跡する。
- 業務プロセスの定義

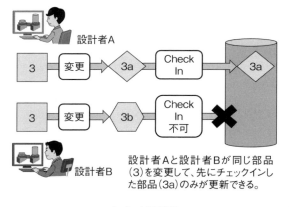
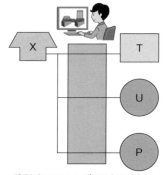

（1）変更制御　　　　　　　　（2）設計コンフィギュレーション管理

図表1.16　PDMによる3Dデータ管理

イベント、承認、イベントごとに必要な処理を定義して、自動化する。

1.8　3Dデータと図面の出図：3次元CAD設計の手順③

3Dデータと2D図面の出図とその流れを**図表1.17**に示す。

3次元CAD設計での設計成果物は3Dデータである。しかしながら、生産・製造部門と3Dデータの出図に関する取り決めをしていない、あるいは3Dデータによる設計情報表現が製図規格に則っていないなどの理由により、3Dデータから2D図面を作成する必要が出てくる。

そこで、3Dデータに表示領域と方向を設定して、2D図面上に配置する。また、寸法線や公差指示を追加して、製図規格に一致しない部分の処理（例えば隠線処理の表記方法）をする。検図者は2D図面により製図の規定順守、技術的な問題点の有無、過去機種および同時設計機種での指摘事項の遵守、試作評価時の指摘事項の反映、設計基準の遵守、出図データ管理表（出図データの一覧）、自動チェックの実施などを確認する。そして、承認者が2D図面を最終確認して設計完了を承認し、調達・生産・製造・検査・品質へ最終確定した2D図面を提出する。

契約や法律の遵守の観点から出図後は設計情報を勝手に改竄できず、変更が発生する場合は所定の手続きを行い、変更があったことを記録する必要がある。また、2D図面のみに設計情報を追加していることから、3Dデータと2D図面は部分的な連想性となっており、3Dデータと2D図面の電子データでは改竄防止およ

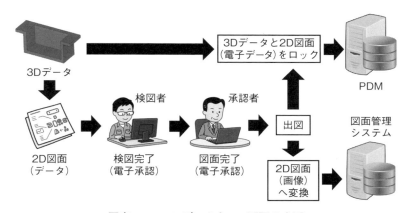

図表1.17　3Dデータと2D図面の出図

び変更管理が不十分との観点から、3Dデータの確認と2D図面の検図の後に2D図面に対して電子承認を行い、承認者名と承認日付の書き込みを行っている。その後、TIFF（Tagged Image File Format：画像ファイルの形式）などに画像データ化する。

　検図と承認の実施記録が入り画像データ化した2D図面は、2D図面管理システムで管理している。PDMには画像データ管理機能がないものが多いため、設計変更が発生した場合、同じように処理した2D図面（画像データ）を2D図面管理システムでバージョン管理する。3Dデータと2D図面（電子データ）は、2D図面の承認時に、PDM上の3Dデータと2D図面（電子データ）をロック（凍結）して、こちらも改竄ができないようになっている。それ以降の設計変更に関してはPDMにより設計変更処理が行われる。

1.9　3次元CADによるグループ設計：3次元CAD設計の秘訣①

　グループ設計は、3次元CAD設計と2次元設計で大きく異なる。2次元設計でのグループ設計は、部品を共有するというより、部品図を一時的に共有するだけである。3次元CAD設計でのグループ設計は、部品を共有する。共有後に元の部品を設計変更すると、共有している部品にも設計変更が反映され、データ共有・管理機能により、同じ部品を2人の設計者が同時に使用する（**図表1.18**）。そのため、部品の入れ換えをする必要がない。また、3次元CADでは、部品の形状を直接的に表現するため、干渉判定や質量特性計算など部品形状を使用した設計評価機能を利用できる。

　ただし、このようなグループ設計を実現するためには、3次元CAD設計手順と

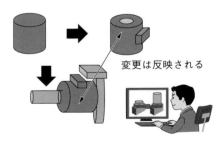

図表1.18　グループ設計では変更は反映される

運営ルールが重要になる。具体的には、以下のようなことを検討する。

- 設計者の誰でも部品や部品構成がわかるようにすること。
  CAD アセンブリ構成を事前に決める。部品やアセンブリの命名規則を守り、部品ライブラリから選ぶことが第一、新規設計は第二。
- 常に最新の状態で設計を行うこと。
  CAD データ管理で、1日1回のチェックイン・チェックアウトを実施する。全ての部品を3次元化する。
- データ管理ソフト（機能）利用とフォルダ構成の事前定義。
- 3次元 CAD 管理者（特にアセンブリ）の選任。
- 3次元 CAD 設計手法の構築と運営ルールの制定。
- CAD アセンブリ構成と部品構成表（BOM）との違いの確認。
  部品構成表（BOM）には、部品手配・コスト戦略等の機能があり、設計部門だけで決められない。CAD アセンブリ構成は、設計部門だけで決められる構成で、自由度が高い。

1.10　3次元 CAD 設計の効率化：3次元 CAD 設計の秘訣②

ここまで、2次元 CAD を3次元 CAD に置き換える場合に、どのように設計するかを説明してきた。単純な置き換えでは、設計期間短縮、設計工数削減、コスト低減には繋がらないので、むしろ、3D データと 2D 図面の両方を作成するのであれば、設計期間と設計工数が増えてしまうことが、容易に想像できる。それでは、どのようにして3次元 CAD 設計の効率化を図ればよいか。**図表 1.19** に、その3つの基本的な考え方を示す。

① 設計情報を都度作成するのではなく、流用する。
② 設計作業を減らす。
③ 設計成果物を減らす。

この3つの基本的な考え方を具現化した具体的な施策例を以下で説明する。

［1］　部品ライブラリの活用

部品ライブラリは、**図表 1.20** に示すように、予め作成された部品の 3D データを登録しておき、同じ部品の 3D データをその都度作成せずに呼び出すだけで使

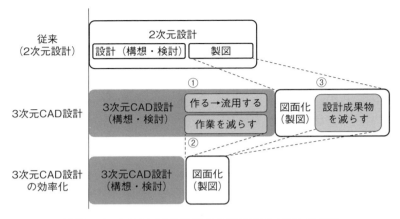

図表 1.19　3 次元 CAD 設計の効率化の基本的な考え方

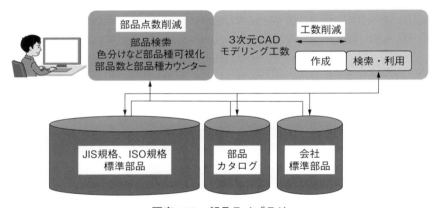

図表 1.20　部品ライブラリ

用できる。ライブラリには、主要な 3 次元 CAD に含まれている JIS／ISO／ANSI（米国国家規格協会）／DIN（ドイツ工業規格）標準部品ライブラリ、機械部品／電気電子部品メーカーが公開している部品カタログを利用する。さらに、会社標準／工場標準／部門標準部品から部品ライブリを構築して利用する。

　部品ライブラリは、設計者の 3 次元 CAD 設計工数を削減するだけでなく、部品点数削減にも貢献する。なお、部品検索、色分けなど部品種可視化、なお、部品数・部品種カウンターなどの機能と併用する。

［2］　ユーザー定義フィーチャ（UDF：User Defined Feature）の利用

　フィーチャとは、形状を構成する基本単位である。新規に部品を設計する時の3次元CAD工数を削減するだけでなく、部品の形状を変更する時の3次元CAD工数を削減することもできる。通常は3次元CADに一般的なフィーチャが組み込まれており、設計者はそれを利用する。3次元CADによっては、設計者（ユーザー）が自分でフィーチャを定義することができ、予め用意されているフィーチャと同様に使用することができる。例えば、**図表 1.21** に示すように、樹脂部品では、ボス、リブ、ネジ穴、勘合爪などをユーザー定義フィーチャとすることができる。幾何要素から形状を作成するよりも、フィーチャを利用する回数が多いので、3次元CADの工数削減には効果的である。

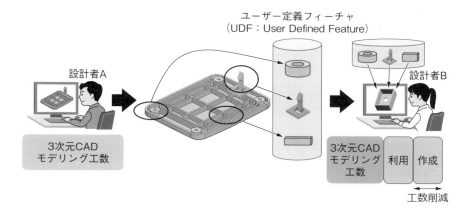

図表 1.21　ユーザー定義フィーチャ（樹脂部品での例）

［3］　2D図面の簡略化（寸法など記載事項の省略）

　2D図面は、機械や部品の形状だけでなく、寸法、寸法線、公差などの関連情報（アノテーション：annotation）も表記されている。そのため、形状作成と同等、場合によっては、それ以上に2D図面化工数が掛かる。

　図表 1.22 に示すように、2D図面に描かれている（指示されている）関連情報は本当に必要なのか、本当に2D図面の出図先の工程で使われているか、そもそも本当に2D図面が必要なのか。3次元CAD設計の効率化には、2D図面の持つ情報の必要性を再検討することが必要である。

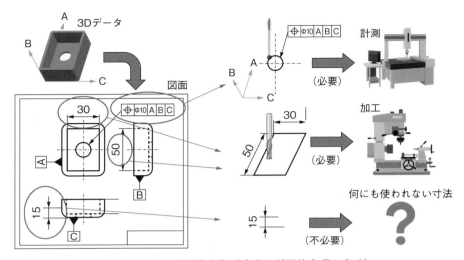

図表 1.22　2D 図面簡略化（寸法など記載事項の省略）

製造・生産・計測・品質部門などの設計以降で 2D 図面を使っていく部門で、どんな情報が必要か調査し、不必要な寸法、寸法線、公差があれば削減する。寸法表記を表形式にすることも可能である。

1.11　量産製品「デジタル家電製品」での 3 次元 CAD 設計事例

ここでこれまで紹介してきた 3 次元 CAD 設計の具体的な事例として、デジタル家電製品での事例を説明する。デジタル家電製品の製品開発期間はおよそ 1 年になる。これは、同業他社のデジタル家電製品に打ち勝つために、いち早く市場に投入する必要があるから。そのため、デジタル家電製品の開発には、筐体設計・製造の期間短縮が必要となる。デジタル家電製品は、総部品点数が 2,000 点にもなる。このうち、3 次元 CAD 設計の対象は約 500 点の筐体の樹脂部品設計と組立設計である。

[1]　「デジタル家電製品」の 3 次元 CAD 設計手順例

デジタル家電製品には軽薄短小化が求められており、そのため、筐体は強度を保ちつつ、内部の電気電子部品を固定して保持することが要求される。2 次元設計の場合は、筐体と電気電子部品間の隙間と干渉を確認するために、細かく断面

図を作成していた。外観デザインも製品競争力の源泉として重要であるため、2次元設計では正確に自由曲面を表現することが難しく、試作品で確認するために設計の後戻りになる課題があった。

デジタル家電製品の3次元CAD設計手順例を**図表1.23**に示す。①製品設計者は仕様に基づき全体形状を作成する。一方で、②外観のデザイナーは仕様に基づき意匠面を作成する。そして、③デジタル家電製品の製品設計者が全体形状に意匠面を反映する。

これから製品設計者は、④筐体内部を設計するために全体形状を薄肉化（シェル化）し、全体形状で電気電子部品を配置して固定方法を考える。また、⑤電気電子部品を固定し、筐体の強度を確保するために⑥ボスとリブを設計する。

筐体部品と筐体部品、筐体部品と電気電子部品の干渉判定も重要である。3次元設計が進むと部品点数が増えてきて、干渉判定にも時間が掛かるので、プリント実装基板（PCB：Printed Circuit Board）のビア（端子穴）を自動的に埋め、領域を指定して干渉反映を行うなど、干渉判定を高機能化して効率を上げる。

機械設計者（筐体設計者）は、電気電子部品やプリント実装基板の設計は一般的には行わないが、電気電子部品やプリント実装基板の3Dデータは必要である。そのため、サポート部門が電気電子部品やプリント実装基板の3Dデータを作成して、これをユニット部品管理して共有利用できるようにする。

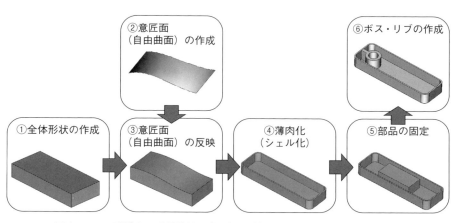

図表1.23　デジタル家電製品（量産設計）の3次元CAD設計手順例

[2] 分割設計の導入

詳しくは 1.13 の「3 次元 CAD 設計の課題」で説明するが、3 次元 CAD は、製品のイメージをすぐに 3 次元化できてわかりやすいが、その反面、2 次元 CAD に比べて設計工数が増大するのが問題であった。そのため、デジタル家電製品開発の筐体設計・製造における 3 次元 CAD では、開発期間の短縮が必要である。

そこで、機械設計者の投入人数を増やして、製品を分割設計して生産性を上げることで対応する。**図表 1.24** に示すように、デジタル家電製品の下半分を 4 分割、上半分を 2 分割して 3 次元 CAD 設計をする。設計完了後に分割部分を合体する。筐体の分割設計手法として、分割の目安、分割の手順、合体などを 3 次元 CAD 設計手順に組み込む必要がある。

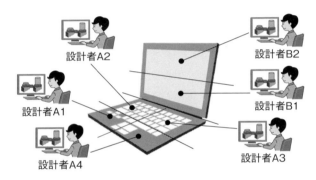

図表 1.24　分割設計

[3]　UDF(ユーザー定義フィーチャ：User Define Feature)の活用

筐体のボス、リブ、受けツメ、ねじ穴などの部位は、デジタル家電製品の種類や大きさによらず共通化している。これらを UDF（**図表 1.25**）として作成して、

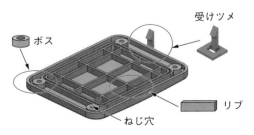

図表 1.25　UDF（ユーザー定義フィーチャ）

第1章 従来の「3次元CAD」とは　31

UDFライブラリとして管理する。

　機械設計者は、UDFライブラリから共通部位を呼び出して、UDF配置プログラムにより必要な場所にUDFを取り付ける。これにより工数を削減できる。

[4] 3Dデータと2D図面の出図

　デジタル家電製品の3次元CAD設計では、生産、製造、計測部門に2D図面で出図する。1.10 [3] で説明した2D図面簡略化を施した上で、製図規格（JIS B0001：2019機械製図など）に基づく2D図面を作成する。

1.12　受注製品「社会産業機器」の3次元CAD設計事例

　もう1つの例として、社会産業機器の3次元CAD設計事例を説明する。

　一般的に、社会産業機器の製品開発期間はおよそ1年6ヶ月になる。社会産業機器は、インデント（特別注文生産）製品で、顧客の仕様に基づき試作機を開発し、試作機で機能と品質を確認し、生産性を考慮した量産機を開発する。顧客要求から開発期間短縮、品質向上、コスト低減が必要となる。

　社会産業機器の部品点数は10,000点ほどになり、このうちの機械部品（機能に関わる機構部品の他、筐体や固定部品など）を機械設計者10人ほどで分担して設計する。ここで紹介する3次元CAD設計の対象は、機構部品設計と組立設計である。

[1] 3次元CAD設計手順

　従来の社会産業機器の製品開発では、部品干渉が多く組立調整に時間が掛かり、試作と試験を繰り返し、評価不足と組立性・保守性問題のために開発期間が長く掛かっていた。次元設計では、複雑な2D図面で部品干渉を発見することや、グループ設計での部品共有が難しいからである。

　社会産業機器の3次元CAD設計手順例を**図表1.26**に示す。最初に2次元平面に主要部品を配置した搬送経路を作成して、搬送時間を計算する。搬送時間が仕様を満たすまで配置調整を繰り返す。

　機構部品は都度設計するのではなく、既存の機構部品を整理して、予め部品ライブラリを整備しておく。その後、機能を考えて部品ライブラリから機構部品を

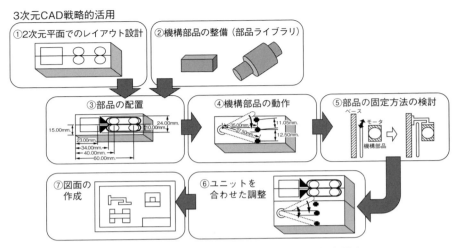

図表 1.26　社会産業機器の 3 次元 CAD 設計手順例

選び搬送経路に配置し、同時に静的干渉判定して部品干渉を回避する。次に機構部品に動作を加えて、同時に動的干渉判定して部品干渉を回避する。

　主要部品の配置が決まったら、機能毎にユニットに分けて、主要部品の固定方法を検討して、固定部品を設計する。保護カバーや配線などの配置も検討してから、設計完了したユニットを突き合わせて調整する。同時に干渉判定して部品干渉を回避する。そして部品取りをして部品 2D 図面を作成し、ユニットおよび全体の部品図を作成する。

　こうした 3 次元 CAD 設計手順に基づき、部品作成、アセンブリ組立、干渉判定、2D 図面作成などの 3 次元 CAD 操作を加えたマニュアルを作成して、設計者に 3 次元 CAD 教育を行う。

[２]　アセンブリ構成の事前定義

　すでに述べたように、社会産業機器の部品点数は 10,000 点ほどになる。そのため、従来のように部品設計が完了してから組立図（アセンブリ）を作成するのは現実的ではないので、部品設計と組立設計を同時に行う必要がある。

　そこで、機械設計リーダーが設計開始前に、アセンブリ構成を検討して公表する。機械設計リーダーは設計仕掛かり中でも、アセンブリ構成を管理して最新の状態を保つ。

多種多量部品から構成される製品でのグループ設計を実現するために、3次元CAD設計手順と運営ルールで、アセンブリ構築とアセンブリ管理を決めているのである。

[3] 機構部品ライブラリの活用

1.10 [1] で紹介した部品ライブラリを利用して、3次元CAD設計工数の削減を図る。また、多品種部品設計によるコストアップを防ぐために、機械設計リーダーが設計開始前に主要な機構部品を選定し、サポート部門が3Dデータを作成して部品ライブラリを整備・管理する。機械設計者は、主要な機構部品を都度設計するのではなく、予め部品ライブラリから選択する。

[4] 3Dデータと2D図面の出図

社会産業機器の3次元CAD設計でも、生産、製造、計測部門に2D図面で出図する。製図規格（JIS B0001：2019 機械製図など）に基づく2D図面を作成する。

1.13 3次元CAD設計の課題：設計事例から得られた教訓

ここまで述べてきたように、3次元CAD設計の課題は、2次元設計に比べて設計工数が掛かることである。1.11 の量産製品「デジタル家電製品」の3次元CAD設計事例でも、1.12 の受注製品「社会産業機器」の3次元CAD設計事例でも、**図表1.27**に示すように、2次元設計の設計工数のピークが、3次元CAD設計の設計工数では前倒しされている。これを**フロントローディング**と呼んでいる。3次元

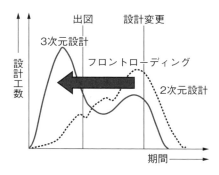

図表1.27　2次元設計よりも設計工数が掛かる

CAD 設計の設計工数では、2 次元設計と比べて 1.5 倍から 2 倍の設計工数が掛かっている。

　3 次元 CAD 設計の設計成果物は、3D データである。しかしながら、生産・製造部門と 3D データの出図に関する取り決めをしていない、あるいは、3D データによる設計情報表現が製図規格に則っていないのなど理由により、3D データから 2D 図面を作成して出図している。従って、3 次元 CAD 設計は、2 次元設計の 2D 図面作成に 3 次元 CAD によるモデリングを加えたもの、ということになる。

　3 次元 CAD は設計対象の部品形状を完全に表現できるので、設計検討を効率的に行うことができる。さらに、設計の効率化を図ることもできる。しかしながら、寸法を厳密に決めないと部品形状ができないため、検討すべき情報量が増えてしまう。そのため、機械設計者は 2 次元設計の時よりも詳細に部品形状を作り込み検討する。また、3 次元 CAD のグループ設計の混乱や、ヒストリーベースや親子関係の違いによって、部品形状やアセンブリが異なってしまうことを避けるために、（3 次元 CAD 設計の）手順やルールを守る必要もある。

　これらの結果から、設計の効率化といかに図っても、**3 次元 CAD 設計の設計工数は従来の 2 次元設計より 1.5 倍から 2 倍に増えてしまうのである。**

　この課題解消のためには、ここまで紹介してきた「3 次元 CAD 設計」を一歩進めて、3D データを設計段階以降も含めて多面的に活用する必要がある。そこで、第 2 章では、3D データを多面的に活かす設計を「3 次元設計」として、「3 次元 CAD 設計」とは別のアプローチとして紹介する。

第2章
3次元CAD設計から「3次元設計」へ：
3Dデータを多面的に活かす

2.1　3次元CAD適用の目的の再確認：3次元CAD適用計画の立て直し

　第1章で紹介したように、3次元CAD設計の工数は、従来の2次元設計工数より1.5倍から2倍に増えてしまった。この3次元CAD設計の課題を、どのように克服すべきか。そのために、まず重要なことは、目的の再確認である。

　そもそも、製品開発のどんな課題を解決するために、3次元CADを使うのか。**図表2.1**は、期待する効果の内容、課題、課題解決のためのポイントを項目ごとにまとめたものである。例えば、期待効果が工数削減であっても、部品干渉問題を解決する、流用設計を行う、工程設計や組立指示書の作成を効率化する、製造／検査を効率化する、製造／購入の手配と連携する、保守と連携する、などのターゲットによって、施策が異なってくる。しかし、施策には、リソースと工数が必要で、これら複数の施策を全て同時に行うのは難しい。そこで、3次元CAD適用の目的を明確にすることが大事なのである。

2.2　3次元CAD設計と「3次元設計」の違い：3Dデータの価値を全員で共有

　3次元CAD設計と3次元設計の違いを**図表2.2**で概説する。

　3次元CAD設計は、2次元CADを3次元CADに置き換えたのみで、設計成果物の3Dデータの活用は設計部門内のみしか考えなかった。

　これに対して、「3次元設計」では、2次元CADを3次元CADに置き換えて設計することはもちろん、さらに3次元CAD設計の成果物である3Dデータを設計部門以外でも活用する。

分類	効果	項目	内容	課題	ポイント
設計	工数削減（後戻り撲滅）	部品干渉	3Dデータを用いて部品干渉や距離を求める	部品省略や部品形状省略があれば精度が落ちる	完全3D化
	設計品質向上	CAE	3DデータをCAEデータに利用	メッシュ分割困難 膨大なメッシュ発生	形状簡略化
	工数削減	流用設計	標準機データを利用して効率的に製番設計	形状作成手順や部品構成が異なると流用できない	部品構成・部品名の事前確定 変更部・固定部のデータ管理
	工数削減	3D→2D変換の効率化	3Dデータに全ての設計情報を盛り込み、2D図（ビュー）へ自動投影	形状変更でビュー連携 くずれる	3Dデータ／2Dビューの標準化 3Dの2Dビュー投影の受入
	設計品質向上工数削減（後戻り撲滅）	デジタルDR	設計情報をリアルな3Dイメージで早期情報伝達	3D形状だけでは後工程で作業や判断できない	3D以外の設計情報の伝達 部品構成・部品名の事前確定
生産・製造	工数削減	工程設計組立手順書	3Dデータ利用（形状と構成）で工程設計を効率化	部品構成の組み換え 変更・流用への対応	製品設計とのコンカレント化 3D以外の設計情報の伝達
	工数削減	CAM／CAT	3Dデータ利用（形状）でNCデータ作成、計測評価データ作成	加工属性の組み込み 加工を考慮した形状変更 公差組み込み	加工・計測プロセスへの対応 変更プロセス（形状）設計での加工・計測属性入力 アプリケーションの伝達
	工数削減	治具設計	3Dデータ利用（形状）で早期に治具設計	変更への対応	製品設計とのコンカレント化 3D以外の設計情報の伝達
調達	工数削減	手配連携	3Dデータ利用（形状と構成）で部品手配を効率化	部品構成の組み換え 変更・流用への対応	変更プロセス（形状・個数）3D以外の設計情報の伝達
保守	工数削減	保守連携	3Dデータ利用（形状と構成）で保守部品管理・定期検査計画	設計データと実機が一致していないと混乱	変更プロセス（形状・構成）3D以外の設計情報の伝達

図表 2.1　期待効果が変われば 3 次元 CAD 適用も変わる

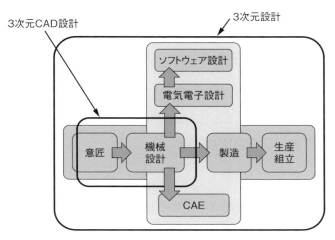

図表 2.2　3 次元 CAD 設計と「3 次元設計」の違い

2.3 「3 次元設計」のスコープ：3D データをどう使うか

「3 次元設計」が影響する製品開発プロセスには、大きく分けて 3 つのスコープ（領域）がある（**図表 2.3**）。

① 機械設計で生成された情報が、それ以降の下流工程に幅広く流れる。
② 下流工程から派生する情報が技術に変換されて、再び機械設計で使われる。

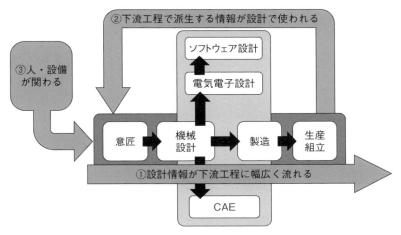

図表 2.3　3 次元設計のスコープ

③　機械設計に人・設備が関わっている。

本章では①の製品開発から製造・生産へのスコープを中心に紹介するが、その全体像として理解しておいてほしい。

2.4　製品開発プロセス分析：3D データを、まずどこで使うか

［１］　製品開発プロセス分析とは

「3次元設計」とは、2次元 CAD を 3次元 CAD に置き換えて設計し、3次元 CAD の特徴を活かした設計手法（3次元 CAD 設計）を適用し、さらにその設計成果物（3D データ）を設計部門以外でも活用する、と説明した。

そのため、まずは、製品開発プロセス分析を紹介する。「3次元設計」の製品開発プロセス分析では、5つの作業をする（**図表 2.4**）。

① **設計を知る**

分析者が設計者から設計の手順を聞いていき、それをフローチャートにして可視化する。製品開発全体を示す製品開発フローチャート、その中の工程の中身を示す設計作業手順フローチャート、工程間や工程内での情報の流れを示す設計情報フローチャートを作成する。段々と細かいフローチャートを作る。

② **課題を絵解きする**

3種類のフローチャートに課題を書き込む。課題がどの工程で見えるか（直接

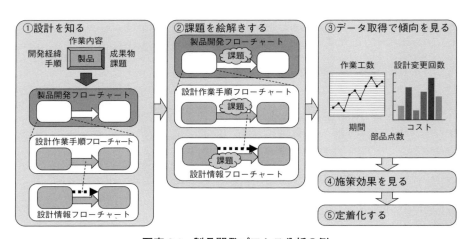

図表 2.4　製品開発プロセス分析の例

的課題）、課題が発生するまたは原因となる工程はどこなのか（本質的課題）、本質的課題の工程に流れる情報を作成・編集する工程はどこなのかを書き込む。

③ **データ取得で傾向を視る**

設計工数・設計変更回数・期間・コストなどの課題について、前後の数値データを収集する。定性的データでもレベル分けをするなどして計量化する。課題の現状値を数値データで明らかにし、課題間の大小関係を比較する。

④ **施策改善効果を視る**

損害が大きい課題や解決効果が大きい課題の順番で解決施策を検討する。解決施策の効果は数値データの変化で把握する。

⑤ **定着する**

改善施策がどの設計者がやっても、どの製品でやっても、効果が発揮できるように施策を設計プロセスに組み込む。施策効果を定常的に測定することで、常に改良改善ができるようにする。

①設計を知る、②課題を絵解きする、この2つの作業が製品開発での作業手順や情報の流れ、主要イベント、課題発生などを把握するための定性的な製品開発プロセス分析で、これをフローチャート、タイムチャート、ブロック図、開発経緯図などで表現する。

一方、③データ取得で傾向を視る、④施策改善効果を視る、この2つが定量的な製品開発プロセス分析である。

設計課題は無数にあり、全ての設計課題を解決できるリソースや時間はない。そのため、効果（損害）が大きく課題間の因果関係で本質的な課題で1つの施策で多くの設計課題をつぶせるような設計課題から対処するために、何らかの数値やレベルに置き換えて、大小関係を比較して、その優先順位を付けることになる。

解決施策は「間違いの訂正」や「判断基準設定で即行なもの」から、「教育や訓練」や「意識改革」といった時間を要するものまである。解決施策の実行にはコストが必要であり、継続的なコスト確保からも効果把握が必要である。これに対して、解決施策前の定量データがあれば、解決施策の効果があるかどうかを、アクチュアルな定量データとの比較で容易に判断できる。

具体的には、製品開発工数調査、設計変更調査、設計成果物（3Dデータ、2D図面、部品点数）調査の結果をグラフや表で表現する。

[2] 製品開発プロセス分析でのポイント

　製品開発プロセス分析（特に製品開発手順フローチャートと設計作業手順フローチャート）での工程は作業単位であり、1つの「関数」として取り扱える。入力データになんらかの変換を加えて出力データを出すので、「関数」と定義でき、「関数」と「情報」と「作業（作業者や機材）」の組合せで表現できる。

　「情報」と「作業」は、流れという観点で考えると一見同じようであるが、必ずしも一致しない。例えば、**図表 2.5** の樹脂部品設計で考えると、工程は「基本設計」と「2D 図面作成」と「金型設計」の3つの「関数」で表現できる。

　CAD 作業者は部品設計者と金型設計者が存在する。部品設計者（側）の作業手順は、「基本設計」段階で製品仕様（入力データ）から樹脂部品の構造と大きさを3次元 CAD で設計して、概略的な樹脂部品の 3D データ（出力データ）を作成する。次に「(2D) 図面作成」で概略的な樹脂部品の 3D データ（入力データ）の製品強度・樹脂流動性・金型構造を考えながら、詳細形状の 2D 図面（出力データ）を作成する。ここまでの部品設計者の作業手順、樹脂部品の 3D データ、詳細形状の 2D 図面の流れは図のように一致している。ここに金型設計者の作業手順を加える。金型設計者は「金型設計」で金型の設計を行うが、その際には「基本設計」から届いた 3D データを通して概略形状を獲得して金型構造を決め、「(2D) 図面作成」から届いた 2D 図面を通して詳細形状や仕上げ・公差を獲得して金型詳細形状を作成、そして金型 2D 図面／加工データを出力データとする。

　このように金型設計段階では、「情報」と「作業」は、必ずしも一致しないのである。

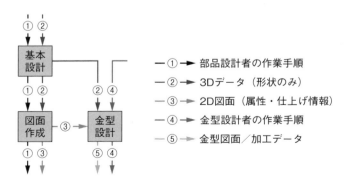

図表 2.5　樹脂部品設計における製品開発プロセス分析のポイント

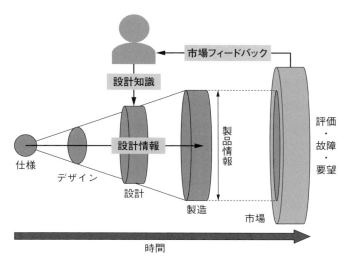

図表 2.6　製品開発プロセスでの情報形成

　製品開発は、**図表 2.6** に示すように、仕様という「種」から時間経過を伴いながら製造や市場投入に必要な情報を蓄積していく作業と考えられる。機械設計上で必要な情報とは、製品仕様、デザイン図、技術情報、実験結果、3Dデータ、2D図面、部品構成表、組立指示書、マーシャリングリスト、取扱い説明書、保守部品情報、カタログなどに記載される情報（形状・テキスト・数値・イメージなど）である。これらの必要な情報は製品開発の工程で入力データとして与えられ、工程結果として出力データとして発生していく。情報は工程が進むにつれて姿を変えたり、内容を増やしたと、連続的に変化していく。これに対して、製品開発プロセスは、仕様から製造・市場投入までの、工程の一連の組合せである。製品開発プロセスでは、情報が変化しながらも、連続性を保ちながら流れることが重要である。

　では、製品開発プロセスでの情報の流れが不連続になった場合、どんな問題が起こるだろうか。その3つの問題をケースごとに説明する（**図表 2.7**）。

(A)　**情報が分断され、そこに誤った情報が入った場合**

　情報は時間経過や様々な技術分野での検討において不連続であってはならない。情報が不連続で、途中で分断された時に誤った情報が付加され、それ以降の工程が進行すると製造時に情報が揃わず、情報の欠陥により製造で問題を引き起こす。

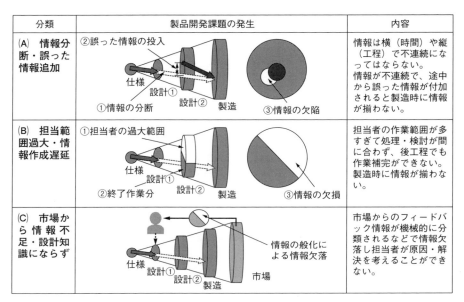

図表 2.7　不連続な情報形成による課題の発生

例えば、機械部品の基本設計で配管配線の基本的な引き回し検討が間に合わず、別な設計者が詳細設計で配管配線配置を適当にして部品設計をすると、製造組立で配管配線を取り付けるスペースがなくなり、配管配線ルート上に部品が置かれ、配管配線ができなくなる、といった不具合が発生する。

(B)　**設計者の担当範囲が広すぎて、納期までに情報作り込みが間に合わない場合**

　設計者の担当範囲が広すぎる、あるいは設計時間が十分に取れず、不完全な状態で出図をしてしまう。後工程でも補完作業が行われず、情報の欠損のまま製造して問題を引き起こす。例えば、機械部品の詳細設計を板金加工で行ったが、板金加工では取付位置の精度が十分でなく、生産設計で板金加工から樹脂成形加工にやり直した、ということが起こる。

(C)　**市場からの製品に対するフィードバック情報が不足となり、設計知識にならない場合**

　製品開発プロセスは製品を作るだけのフォワードプロセスであるだけでなく、市場要求フィードバックや製品品質向上を考えると、リバースプロセスでもある。市場からのフィードバック情報が機械的に分類され、背景情報が欠落するため、機械設計者が原因・解決を考えることができなくなる。

製造や市場投入の際に情報が揃っていなければ、製造や市場投入の遅延だけでなく、製品の機能不全や不具合の発生、設計品質作り込みの発生不足も起こる可能性がある。

製品開発プロセス（製品開発手順フローチャートと設計作業手順フローチャート）が、「関数」と「情報」と「作業（作業者や機材）」の組合せで表現できると、生産管理上も、もっと便利になる。**図表 2.8** に示すように、製品開発は情報を媒体に転写する作業の連続である。設計においては、設計情報を創造して、3Dデータや 2D 図面に転写して可視化する。そして、生産においては、設計情報を各製造現場に配備し、そこで設計情報を素材に転写する。つまり、設計情報と媒体の組合せが製品となる。

製品開発の問題は、設計、生産、製造をまたがって発生することが多いが、製品開発プロセスでは、問題の表面化（発生）、直接的原因、本質的原因の因果関係が可視化できるのである。図表 2.8 のように、工程の「関数」において、入出力の単純な関係を拡大して、情報としての入力データ／出力データ、変換に使うシステム（もの）と手段（方法）、作業をする人（リソース）、作業に必要な知識、作業に掛かるコスト（金）、作業が正しく行われるかどうかのフィルター（技術・

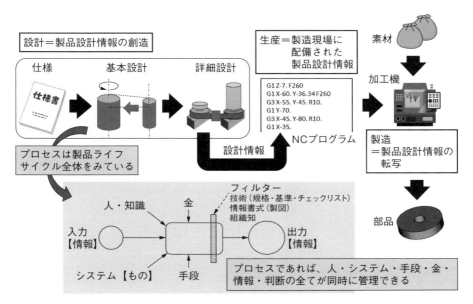

図表 2.8　製品開発プロセスによる管理

情報書式・組織知）などを表現することができる。このように、製品開発プロセスであれば、人・システム・手段・金・情報・判断の全てが同時に管理できる。

2.5 設計部門以外での 3D データ活用：プロセス別の 3D データ活用方法

ここで、3D データを設計部門以外で活用することをプロセス別に考える。3D データを含む設計情報の利用には、**図表 2.9** に示すように、3D データ作成、3D データ活用、3D データ連携、ものづくり連携、支援と、設計部門を含めて 5 種類の流れがある。ここでは、そのうちの「3D データ活用」と「3D データ連携」の 2 つの観点について考える。

● **3D データ活用**

3D データを利活用して業務を遂行する。例えば、生産部門では 3D データを使って組立指示書を作り、組立で利用する。製造部門では加工指示図や NC データを用いて、工作機械で部品を製造する。測定部門では 3D データから計測票を作り、測定器で計測して、計測結果を計測票に記録する。設計部門からの 3D データ変更情報は常に必要になるが、該当部門から 3D データへの直接的なフィードバックはない。

● **3D データ連携**

3D データを設計部門とやり取りし、設計部門ではその該当部門からのフィードバッ

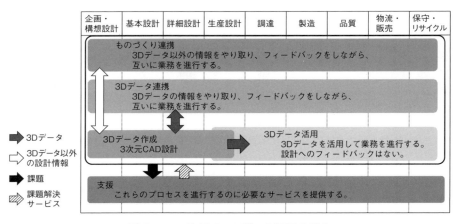

図表 2.9　3 次元 CAD データ活用の観点

第2章　3次元 CAD 設計から「3次元設計」へ：3D データを多面的に活かす　　45

クを 3D データに反映しながら、互いに業務を進行する。例えば、電気設計ではプリント実装基板と電気電子部品との配置情報と部品干渉情報を交換して製品実装を検討する。解析部門では設計部門からの 3D データに対して CAE を行い、CAE 解析結果を設計部門に渡して設計品質を向上させる。3D データ連携では、設計部門からの 3D データの 3D データ変更情報は常に必要であり、該当部門からのフィードバックも直ちに 3D データに反映させる必要がある。

　以降、この 2 つの観点での 3D データ活用について、3 次元 CAD による 3D データを受けた後の一般的な加工・製造現場での活用手順を紹介する。3D データ活用としては、DR（デザインレビュー：DesignReview）、CAM、金型加工・樹脂成形、板金加工、機械加工、CAT、組立、生産製造効率化を、3D データ連携としては、CAE、電気電子設計連携を説明する。

［1］　3D データ活用例① 　DR〈設計情報可視化による 3D データ活用の手順〉

　DR（デザインレビュー：DesignReview）は、製品開発プロセスにおける節目の管理として、進捗に応じて段階的に設計部門とその関連部門との間で行われるもの。設計部門側から提供される設計情報に基づいて、設計進捗および設計決定事項を議論する場である。

　一般的に専門性が高い設計情報の読み取りには、知識と時間が必要となる 2D 図面より、見た目のリアリティがあり、それによって設計進捗状況が誰にでもわかりやすい 3D データを利用する方が効果的である。

　この DR の場で、3D データを活用する場合、設計側が 3 次元 CAD で作成した生の 3D データではデータ容量が大きく、表示にも時間が掛かるので、それを軽量化したビューワデータを利用することが多い（**図表 2.10**）。ただし、設計段階としては仕掛かり中で、DR メンバーにとってもその製品の全体像がわからない時には、活用する 3D データが設計する製品のどの部分に当たるのか、それをその都度 DR の場で説明するのは煩雑である。そのため、機械の全体構成と進捗状況をまとめた関連資料を事前に提示しておくとよい。

　また、設計者が DR に必要な 3D データを自ら切り出し、その都度ビューワデータへデータ変換の操作をするとなると、設計者にとってかなりの負担になる。

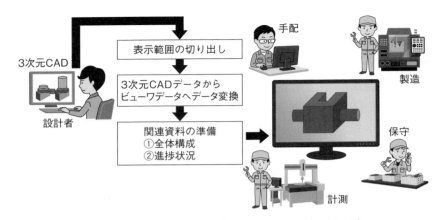

図表 2.10　DR〈設計情報可視化による 3D データ活用〉

そこで、図表 2.10 に示すように、事前に、部品構成の上位階層の共有を行い、自動変換ツールを準備する必要がある。これらについては、DR に参加する設計部門と関連部門間で運用取り決めをしておけば、DR 後も頻繁に設計情報を共有することができる。

[2]　3D データ活用例②　CAM〈製造現場への 3D データ転送の手順〉

　CAM（コンピュータ支援製造：Computer Aided Manufacturing）では、3 次元 CAD で作成された 3D データを入力データとして、加工用の NC（Numerical Control）プログラムの作成など、生産準備全般をコンピュータ上で行う（**図表**

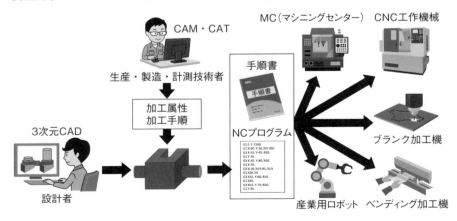

図表 2.11　CAM（製造現場への 3D データ転送手順）

2.11)。ここで最終出力されたデータは、CNC（コンピュータ数値制御：Computerized Numerical Control）化されてそれぞれの工作機械に送られ、そこで実際の加工を行う。

ただし、3Dデータがあれば、何でもCAMで加工のNCプログラムができるわけではなく、加工属性の組み込みと加工手順の反映が必要になる。

［3］ 3Dデータ活用例③　樹脂成型用金型の加工現場での3Dデータ活用手順

　樹脂成形（樹脂を加熱して溶かしたものを、金型を使って所定の形にして冷やし固め、取り出す）などで使う金型の加工現場で、3Dデータを活用する場合の、一般的な作業の流れを大雑把に紹介する（**図表2.12**）。

　まず、製品設計側で樹脂部品を3次元設計する。そこで、樹脂部品の合否判定となる公差指示を行い、金型加工や樹脂成形に必要な加工要件を加えた3Dデータを、金型設計者へ出図する。

　これを受けて、金型設計側では、ビューワで樹脂部品3Dデータの形状・公差指示・金型要件を確認する。ここで、金型CAD／CAMを使用して、パーティングラインやスライド配置位置などの金型要件の概略案を「注釈」や「属性」などの表現手段で指示した金型3Dデータを作成。目視または専用ツールで金型要件をチェックして、その結果不足する要件を金型3Dデータに追加する。さらに、

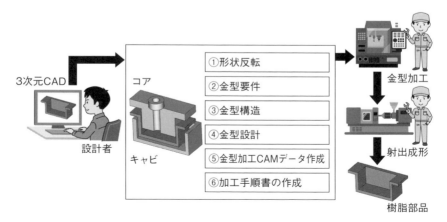

図表2.12　金型加工と樹脂成形現場での3Dデータ活用手順

金型設計側の金型構想に基づいて、金型のキャビ（Cavity：凹部）とコア（Core：凸部）に分割して金型要件と構造を作り込み、それを金型3Dデータに追加する。

このようにして、金型設計者は、金型CAMで金型加工用のCAMデータと作業手順書を作成する。そして、作成された作業手順書に基づいて、金型加工CAMデータを機械加工機（旋盤・マシニングセンタなど）に送り、実際に金型を加工する。

樹脂成形加工側では、加工された金型を組み立て、射出成形機にセットして、それに樹脂を流して樹脂部品を製造する。

[4] 3Dデータ活用例④ 板金加工現場での3Dデータ活用手順

板金加工現場では、金属製の板材を、切断、穴あけ、折り曲げなどにより、目的の製品・部品形状に仕上げていく。

まず、金型製造現場の場合と同様に、製品設計者が3次元CADで板金部品の形状を作成する。そこで、板金部品の合否判定となる公差指示を行い、板金加工に必要な加工要件を加えて、溶接・塗装・表面処理などの指示も加えて、作成した板金部品の3Dデータを板金加工者へ出図する。

板金加工側では、ビューワで、板金部品3Dデータの形状・公差指示・加工要件を確認する。そこで、板金CAD／CAMで板金2D図面への展開を行うが、この時に板金加工要件を組み込む。それによって、板金加工に対してのフィーチャが抽出されるので、工具ライブラリにより必要な工具と加工方法が決められる。ここではさらに、ブランク加工（レーザーにより輪郭形状を加工する）・穴加工・曲げ加工・絞り加工などの板金加工CAMデータを作成する（**図表2.13**）。

実際の製造では、作成された板金加工のCAMデータを板金加工機（ブランク加工機・ベンディング加工機など）に送り、金属素材を加工して、板金部品を加工する。

[5] 3Dデータ活用例⑤ 機械加工現場での3Dデータ活用手順

機械加工現場では、切削加工、研削加工、研磨、鍛造加工などにより部品を製造する。機械加工部品は、樹脂部品や板金部品に比べて、形状によって加工方法が大きく変わってくる。そのため、まず、製品設計者が素材の構造と形状を考え

第 2 章　3 次元 CAD 設計から「3 次元設計」へ：3D データを多面的に活かす　49

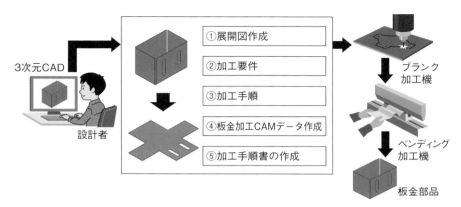

図表 2.13　板金加工現場での 3D データ活用手順

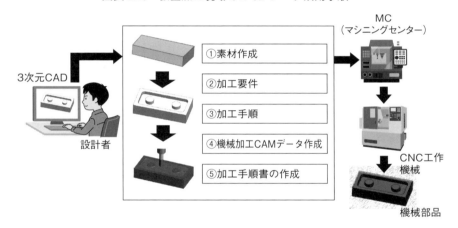

図表 2.14　機械加工現場での 3D データ活用手順

る。素材の形状は、機械加工部品の最終形状から機械加工の削り代を考慮して決定するので、機械設計側と機械加工側の連携が必要になる。

　製品設計者側で、機械加工部品の合否判定となる公差指示を行い、機械加工に必要な加工要件を加える。その際、機械加工側と相談しながら、機械加工の工程と材質、削り代などを考慮して素材の構造と形状を決定し、機械加工部品の 3D データを出図する。

　それを受けて、機械加工側では、ビューワで機械加工部品の 3D データの形状・公差指示・加工要件を確認し、機械加工 CAM で機械加工用の CAM データとその作業手順書を作成する（**図表 2.14**）。

曲面加工や穴加工などで、機械設計側と機械加工側の連携が取れている場合は、部品の3Dデータを機械加工で直接利用するが、それ以外の場合は部品の3Dデータが直接利用されず、機械加工側で部品の3Dデータから機械加工データを作成する。

機械加工者は、作成された作業手順書に基づき、機械加工CAMデータを機械加工機に送り、素材を加工して、機械加工部品を製造する。

［6］ 3Dデータ活用例⑥ CAT〈計測段階での3Dデータ活用手順〉

CAT（コンピュータ支援検査：Computer Aided Testing）は、コンピュータを使用して行う検査を指す。一般的には、3次元CADやCAMと連携しながら、部品が3Dデータや2D図面に沿っているか、CMM（三次元測定機：Coordinate Measuring Machine）を使った部品の測定結果と比較して、自動的に検査する。

CATを行う検査側で、他の活用手順と同様に出図された3Dデータについて、部品の形状と公差指示から、測定箇所と設計値（寸法・公差のサイズで指定した基準値・合格値）を確認する。次に、測定方法と測定器具を検討して、CMMの測定プログラムを作成する。一般的な測定では、部品を定盤に置いて、必要に応じて治具を使って部品を固定して行うが、それと並行してCATでCMMの自動パス作成、さらに計測シミュレーションを3Dデータに基づいて行い、部品と測定器具との干渉回避を検討し、CMMの測定プログラムと作業手順書を作成する。部品の合格判定を行う測定データに関しても、3Dデータを使って、測定方法と測定器具の判定基準込みの測定結果記録票を作成する（**図表2.15**）。

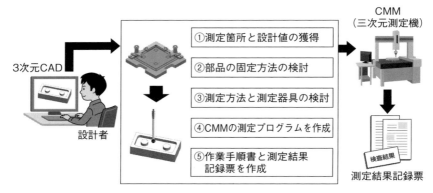

図表2.15 CAT（計測段階での3Dデータ活用手順）

実際の測定作業は、作成された作業手順書に従い、部品を CMM にセットし、測定プログラムを実行して、それによって CMM のプローブを動かし、それぞれの測定箇所で行う。測定結果は記録紙に記録して、予め記録してある設計値との比較を行う。計測者は、計測後に測定結果記録票に測定結果と合格判定結果を記録するが、その測定結果は CAT に取り込まれており、部品の 3D データの設計値と比較結果を色分けで表示することもできる。

［7］ 3D データ活用例⑦　生産組立での 3D データ活用手順

生産組立では、組立員が組立指示書に基づき、必要に応じて治具を使って、部品を順次組み立てて製品を作る。そこで組み立てられる部品は、機械加工・板金加工・金型加工などによって作られた加工品、調達による購入品、配線や配管など、多種多岐に渡る。組立には、組立作業者だけでなく、産業用ロボットも使われる。

まず、3 次元設計された 3D データについて、組立品のモデル定義座標系を基準にして、部品の 3D データの間に拘束関係を定義し、組立作業および組立後の検査作業に向けた公差指示、組立要件を作り込む。組立員は、他の手順同様にビューワを使って、組立品の形状、部品構成、公差指示、組立要件を確認する。

組立側では、デジタルマニュファクチャリングツールを使用して、設計構成（設計 BOM）から製造構成（製造 BOM）へ部品構成の組み換えを行う。そこで、注記と指示事項の追加・利用・編集などを行い、組立要件を決定する。さらに、生産設備・治具・溶接設備・表面処理設備・塗装設備の仕様、組立ラインの状況、作業員のスキルと手配などの生産製造情報を取り込み、組立手順書を作成する（図表 2.16）。

［8］ 3D データ活用例⑧　生産製造の効率化〈生産管理での 3D データ活用手順〉

各製造現場では、製造構成（製造 BOM）と前項で作成した組立手順書に基づき、それぞれの生産前準備を行う。生産前準備では、限られた期間・作業員・機材で、大量の素材や部品を使い、加工・組立・評価などを効率よく行う必要がある。この生産前準備では、3D データを直接利用するわけではないが、参考までに、図表 2.17 に示すような計画や作業が含まれる。

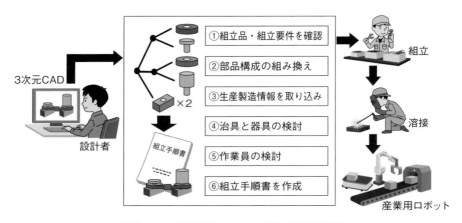

図表 2.16　生産組立での 3D データ活用手順

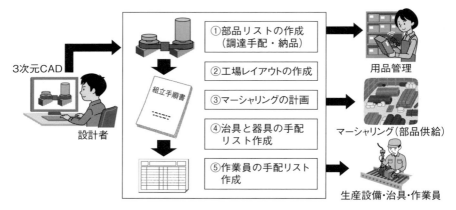

図表 2.17　生産製造効率化〈生産管理での 3D データ活用手順〉

　実際の作業では、作成された組立手順書に基づき、部品「在庫」交換確認、マーシャリング（組立作業に適した形で工場ライン近くに配置して部品を供給する）、治具と器具の準備・作業員の確保の生産前準備を行う。また、必要に応じて治具を使って、部品を順次組み立てて製品を作る。

[9]　3D データ連携例①　CAE〈設計検証の 3D データ連携手順〉

　ここからは、3D データとの連携について紹介する。CAE（解析：Computer Aided Engineering）では、試作前に、製品の機能と性能が製品仕様を満足しているかどうかをシミュレーションによって検証する。このうち機械 CAE は、機

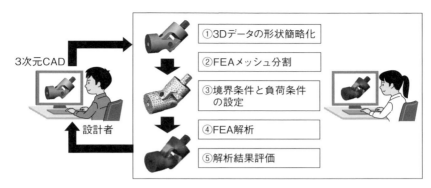

図表 2.18　CAE〈設計検証の 3D データ連携手順〉

械工学分野の設計検証で、構造、材料、熱、流体、騒音振動、音響、落下衝撃、疲労などの FEA（有限要素解析：Finite Element Analysis）を利用した解析を行う。FEA では、3D モデルから解析モデル（FEA モデル）を作成するため、機械設計と同時並行で進める必要がある。

　CAE プロセスでは、3D データの形状簡略化（例えば、3D モデルで中立面の作成）、CAE データ作成（FEA メッシュ分割・境界条件と負荷条件の設定）、FEA 解析、解析結果評価などを行っていく（**図表 2.18**）。

[10]　3D データ連携例②　電気電子設計連携〈電気電子設計での 3D データ連携手順〉

　電機精密製品では、筐体に機械部品と電気電子部品を同時実装するため、**図表 2.19** に示すように、3 次元 CAD と PCB-CAD（プリント板 CAD）を使って、プリント実装基板の形状確認、部品配置、干渉判定、接続などを検討する。

　機械設計（筐体設計）側でプリント配線板（PWB：Printed Wiring Board）の形状として、電気電子部品配置の高さ制限と回路設計パターン配置の禁止領域を記載して、それを電気電子設計側へ渡す。電気電子設計側では禁止領域に回路設計パターンが配置されないように調整し、詳細設計で電気電子部品配置と最大高さを記載、外部端子形状と配置、回路設計パターン配置を含めたプリント実装基板（PCB：Printed Circuit Board）の設計情報を 2D データまたは EDIF（電子設計データ交換用のフォーマット：Electronic Design Interchange Format）中間データにして、再度機械設計側へ渡す。

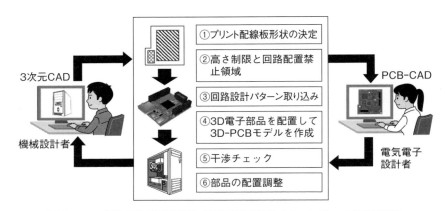

図表 2.19　電気電子設計連携〈電気電子設計での 3D データ連携手順〉

　その後、機械設計側で電気電子部品の高さ、外部端子形状と配置、回路設計パターン配置などを 3 次元 CAD で 3D データに反映して、部品間で干渉判定する。その干渉判定結果を機械設計側と電気電子設計側の双方で共有しながら、干渉を回避するように、機械部品と電気電子部品の配置調整を繰り返す。ただし、電気電子部品は完全な 3D データではなく、2.5D モデル（フットプリントに部品の高さを加えたもの）であるため、正確な干渉判定はできないので、試作での最終組立評価が必須となる。

　なお、電気電子部品ライブラリには、部品の 3D データを作成して予め登録しておく。これにより、実装部品リストと部品座標から、座標変換によって電気電子部品（の 3D データ）が配置された PCB モデルの 3D データが作成できる。これにより、製品の全部品が 3D データ化されて、部品干渉判定の精度を向上できるようになり、詳細設計終了までに部品干渉問題を全て解決できる。

　ここまで、8 つの 3D データ活用事例（手順）と、2 つの 3D データ連携事例（手順）を紹介した。次節からは、3D データの出図、運営ルール、そして肝心の 3D データを活用することによる開発期間短縮などについて紹介していく。

2.6　3D データと図面の出図

　3D データで出図をする際、2D 図面に対して製図規格（JIS B 0001：2019 機械

製図など）があるように、3D データに対してはデジタル製品技術文書情報規格（JIS B 0060 シリーズなど）がある。

3次元CAD上で必ずしもデジタル製品技術文書情報規格（JIS B 0060 シリーズなど）に基づいて表記ができない場合、3D データと合わせて 2D 図面も出図する。また、2.5 の 3D データ活用例で示したように、3D データに加工要件、組立要件、加工指示、組立指示、計測指示を表記する必要な場合もある。表記できない事項に対しては、解釈方法を予め決めておく必要がある。

さらに、デジタル製品技術文書情報規格（JIS B 0060 シリーズなど）で決定していない事項に関しても、設計部門と生産・製造・計測部門でルールを決めておく必要がある。これを補完するものとして、代表的なものに、JEITA 三次元CAD 情報標準化専門委員会の JEITA 3DA モデル板金部品ガイドライン、JEITA 3DA モデル　金型工程連携ガイドライン、JEITA 3DA モデル測定ガイドラインなどがある。

2.7　設計手法と運営ルールの強化：全員で「3 次元設計」をするために

「3 次元設計」では、3D データを、生産・製造・計測・電気電子設計・生産管理で活用する。先にも示したように、デジタル製品技術文書情報規格（JIS B 0060 シリーズなど）や産業団体規格で決定していない事項に関しては、機械設計部門と生産部門、製造部門、計測部門、電気電子設計部門で、ルールを決めておく必要がある。また、生産・製造・計測・電気電子設計・生産管理などで 3D データを活用するため、設計仕掛かりで作り込んでおくべき情報があることも多い。技術的内容と作業的手順は設計手法として、守るべき事項に関しては運営ルールとして、それぞれ決めておく必要がある。

2.8　量産製品「デジタル家電製品」における「3 次元設計」導入事例

ここからは、第 1 章の「3 次元 CAD 設計」の導入事例と同様に、2.8 で「デジタル家電製品」、2.9 で「社会産業機器」へ「3 次元設計」を導入した事例を紹介

する。1.11 の量産製品「デジタル家電製品」の「3 次元 CAD 設計」事例では、筐体設計に 3 次元 CAD は適用したが、筐体設計工数は従来の 2 次元 CAD 設計工数よりも増えて、筐体設計・製造の開発期間短縮は達成できなかった。それでは、同じ製品に、「3 次元設計」を導入すれば、筐体設計・製造の開発期間短縮を達成できたのかを、3D データの流れを紹介しながら解説する。

[1]　「3 次元設計」の導入目的

「3 次元 CAD 設計」の場合と同様だが、ここで「3 次元設計」の目的を再確認する。デジタル家電製品の製品開発期間はおよそ 1 年になる。同業他社のデジタル家電製品に打ち勝つために、いち早く市場に投入する必要がある。そのために、デジタル家電製品開発の筐体設計・製造の開発期間短縮が必要となる。

[2]　製品開発プロセス分析

導入に先立ち、「デジタル家電製品事例」のデジタル家電製品開発の筐体設計・製造の課題は何なのか、その課題はどのくらい大きいものなのか、「製品開発プロセス分析」を行った。**図表 2.20** に従来機種の製品開発プロセス調査結果を示す。

製品設計が完了して出図をしてから金型設計、金型設計と同時に実装モデル（モックアップ）を作成して簡略的な設計評価（部品干渉確認など）を開始、金型製造後に樹脂部品を試作して評価、という流れである。製品設計に対する設計評価では、試作を 2 回している。生産設計に対する製品評価でも、試作を 2 回して

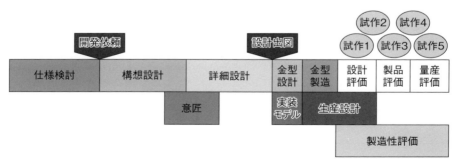

図表 2.20　「デジタル家電製品」における従来機種の製品開発プロセスの調査結果
　　　　　（「3 次元設計」導入以前の一般的な製品開発プロセスの例）

いる。製造性評価に対する量産評価では、試作を1回している。

　この事例での製品設計は、機械設計と電気電子設計に分かれている。機械設計でプリント配線板形状に電気電子部品配置の高さ制限と回路設計パターン配置の禁止領域を記載して、電気電子設計へ渡す。電気電子設計で、禁止領域に回路設計パターンが配置されないように調整する。詳細設計では、電気電子設計側で電気電子部品配置と最大高さを記載、外部端子形状と配置や回路設計パターン配置を含めたプリント実装基板（PCB：Printed Circuit Board）の設計情報を、2Dデータまたは EDF 中間データ（電子設計データ交換用のフォーマット；Electronic Design Interchange Format）にして機械設計側へ渡す。

　干渉チェックに関しては、機械設計側で電気電子部品の高さ、外部端子形状と配置、回路設計パターン配置を3次元CADで3Dデータに反映して、部品間の干渉チェックを行い、機械設計と電気電子設計の双方で、干渉チェック結果を共有する。

　これまで紹介したように、この事例では、電気電子部品が完全な3Dデータではなく、2.5Dデータ（フットプリントに部品の高さを加えたもの）のため正確な干渉チェックができず、試作での最終組立評価が必要となってしまう。

　図表 2.21 に従来機種の設計工数調査結果を示す。設計工数は出図前に1回目のピークがあり、試作1から試作5に対する設計変更で2回目のピークがあることがわかった。これは 1.13 の図表 1.27 で説明したとおりである。

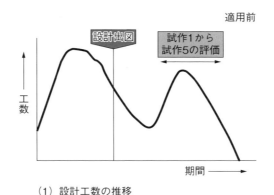

（1）設計工数の推移

図表 2.21　「デジタル家電製品事例」における従来機種の設計工数の調査結果（従来の一般的な設計工数）

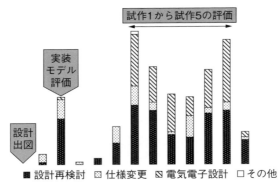

(1) 設計変更調査結果

図表 2.22 「デジタル家電製品事例」における従来機種の設計変更調査結果

では、2回目の設計工数のピークとなっている設計変更とはどのようなものか。**図表** 2.22 に従来機種の設計変更調査結果を示す。設計再検討は、筐体部品干渉、製造性問題、組立性問題に要因がある。電気電子設計では電気電子部品と筐体部品の干渉、製品性能向上が要因であった。

従来機種の製品開発プロセス分析結果と設計変更調査結果から、製品開発プロセス分析の結果として、**図表** 2.23 に示すような筐体設計・製造の開発期間短縮の施策を考える。

- 製品設計の役割を変える。製品設計では、全体形状に意匠面を反映して筐体設計し、電気電子設計と連携して部品実装を検討し、意匠を含む製品形状に関わる金型要件の織り込みまでを行う。**製品設計は、3D データを出図する。**
- 生産設計の役割を変える。生産設計では、製品許容に関わる金型要件、成形要件、二次加工要件の織り込みまでを行う。生産設計では、**金型要件を織り込んだ 3D データと 2D 図面を出図する。**
- 製品設計に対する**設計評価を試作品ではなく 3D データで行い**、2回の試作を廃止して設計評価期間を短縮して、設計変更の中の設計再検討（筐体部品干渉）の設計工数を削減する。
- 製品設計完了後に金型設計へ出図していた **2D 図面を 3D データに置き換え**て、製品設計と金型設計を同時並行で行い、生産設計を前倒しして、2

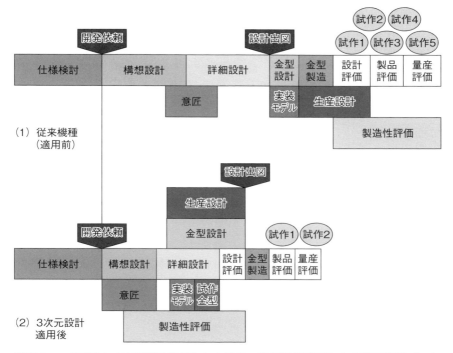

図表 2.23 「デジタル家電製品事例」における 3 次元設計適用による製品開発プロセスの変化

回の試作を 1 回に削減して製品評価期間を短縮して、設計変更の中の設計再検討（製造性問題、組立性問題）の設計工数を削減する。
- 製品設計での機械設計と電気電子設計の設計情報の交換を 2.5D データから 3D データに置き換えて、設計変更の電気電子設計（電気電子部品と筐体部品の干渉）の設計工数を削減する。

[3] 製品設計と金型設計のコンカレントエンジニアリング

コンカレントエンジニアリングとは、製品開発における複数のプロセスを同時並行で進め、開発期間の短縮やコストの削減を図る手法のこと。

ただし、製品設計完了後に金型設計へ出図していた 2D 図面を 3D データに置き換えただけでは、製品設計と金型設計のコンカレントエンジニアリングはできない。まず 1.1 で説明した 3D データ（3 次元 CAD）の強みを活かして、製品設計

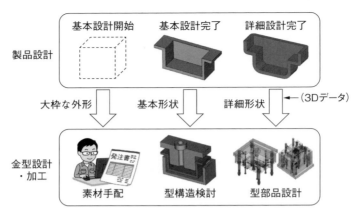

図表 2.24　製品設計と金型設計の 3D データを使ったコンカレントエンジニアリング

途中で設計情報を金型設計側と共有した場合に、金型設計側で 3D データの活用が可能な工程を洗い出す。**図表 2.24** に示すように、製品設計で大枠な外形サイズが決まれば、金型設計で素材手配をする。また、製品設計で基本形状が決まれば、金型設計で型構造を検討する。さらに、製品設計で詳細形状が決まれば、金型設計で型部品設計ができる。

具体的には、3 次元 CAD から金型 CAD/CAM に 3D データを取り込み、さらに CAT に 3D データを取り込む。成形品計測の CAT では、3D データの寸法とプローブでの成形品の測定データを比較して、完成度を評価することで、CAT のプログラム検討を前倒しできる。

金型設計に必要な設計情報のうち、3D データに直接盛り込めない金型要件・公差・形状省略部などの取扱いは製品設計と金型設計で事前に決めておく。それによって、3D データ、金型要件、公差、形状省略部の取扱い、製造性問題と組立性問題の事前検討が揃うので、出図前に設計評価が完了できる。

[4]　機械設計と電気電子設計の連携手順

デジタル家電製品の詳細設計では、PCB レイアウト設計の機械設計と電気電子設計間での調整や連携が多くなる。電気電子部品を実装した PCB が筐体の中にぶつからずに実装できるかどうかに注力する際は、電気電子部品の部品認証と同時に、電気電子部品の 3 次元形状をライブラリ化して、**図表 2.25** に示すように、PCB–CAD の部品配置情報と PCB の 3 次元形状を合わせて、3 次元 CAD へ取り

第 2 章　3 次元 CAD 設計から「3 次元設計」へ：3D データを多面的に活かす

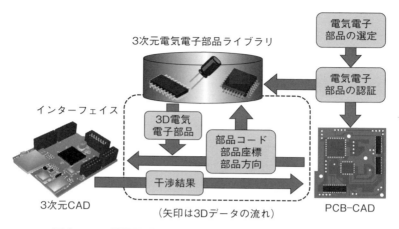

図表 2.25　機械設計と電気設計の 3D データを使った連携

込むインターフェイスを整備して利用する。

　このインターフェイスにより、電気電子部品を載せた PCB が 3 次元化され、3 次元 CAD の中で筐体部品と高精度な干渉判定を実施でき、設計評価期間の短縮に貢献できる。

［5］　計測のための 2D 図面簡略化

　デジタル家電製品では、3D データを出図することで、2D 図面を大幅に簡略化

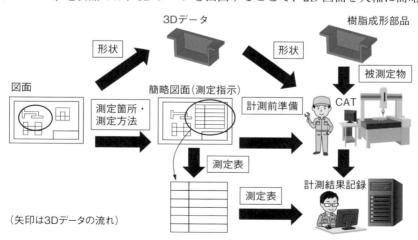

図表 2.26　計測のための 3D データを使った 2D 図面簡略化手順

できる（**図表 2.26**）。その 3D データで設計情報を伝達することで、計測側でも作業の短縮を図ることができる。

　成形品の計測に関しては、CAT と CMM により機械計測をすることで、合否判断基準となるサイズと公差については、3D データから情報を取り込むことができる。ただし、3D データには、測定箇所と測定方法を表記できない。よって、測定箇所と測定方法を表記するために、2D 図面の出図が必要になる。2D 図面上では測定箇所を番号で表記して、計測者が測定箇所の把握するのを早め、機械計測前準備を効率化できる。測定箇所（番号）と測定方法を表型式で作成して、測定結果を記録する測定表で活用することによって、機械計測後の作業を効率化する。これによって、製品評価期間の短縮に貢献できる。

［6］　3D データと 2D 図面の出図の手順

　［2］のプロセス分析で説明したように、デジタル家電製品の 3 次元設計では、3D データと 2D 図面を出図する。

　3D データについては、製品設計と金型設計のコンカレントエンジニアリング、および機械設計と電気電子設計の連携のために、段階的に出図をする。2D 図面は試作品（実装モデルと試作金型）での設計評価結果を 3D モデルに反映し、製図規格（JIS B0001：2019　機械製図など）に基づいた表記が完成した時に出図する。この時に 3D モデルも最終出図とする。

［7］　「3 次元 CAD 設計手順」の強化

　デジタル家電製品の「3 次元 CAD 設計手順」では、1.11 ［1］に示したように、仕様に基づいた筐体全体形状に意匠面を反映して薄肉化してその内部に電気電子部品を固定するためのボスとリブを設計する手順と、筐体部品と電気電子部品の干渉判定とで構成した。この 3 次元 CAD 設計手順は「3 次元設計」の場合でも活用し、さらに「3 次元設計」で強化した施策を、3 次元 CAD 設計手順に追加する。

　製品設計と金型設計のコンカレントエンジニアリングについては、筐体部品から金型を作成する手順、金型の分割設計を追加した。金型設計も筐体部品の 3D データを利用して「3 次元設計」するので、デジタル家電製品の開発期間を短縮するために、分割した筐体部品に応じて金型も分割設計する。金型設計の「3 次元設計」については、サーフェイス穴埋め、キャビ面抽出、穴位置寸法テーブル

化を、「3次元CAD設計」に追加した。

機械設計と電気電子設計の連携については、3次元CADとPCB-CADとのデータ交換方法（インターフェイスの使い方、入力データの準備、出力データの受け取りなど）と、電気電子部品3Dデータと筐体部品3Dデータの干渉判定を追加した。

計測のための2D図面簡略化に関しては、計測向け2D図面作成基準、測定箇所ポイント化とナンバリング調整、風船2D図面自動作成、注記の自動化、記録票の作成、筐体部品3DデータによるCMMのNCプログラム作成、筐体部品3Dデータと計測結果の比較方法を追加した。

［8］ 運営ルールの強化

3次元設計で強化した施策を運営ルールに追加する。

製品設計と金型設計のコンカレントエンジニアリングについては、金型部品とアセンブリの命名方法、金型設計に受け渡す筐体部品の3Dデータに含む金型要件の宣言を追加した。

機械設計と電気電子設計の連携については、電気電子部品3Dデータとアセンブリの命名方法、電気電子部品3Dデータと筐体部品3Dデータの干渉判定結果の取扱い（実施記録と伝達方法と反映実施）を追加した。

計測のための2D図面簡略化については、計測向け3Dデータと2D図面に含む測定要件の宣言、計測向け2D図面と記録票の命名方法を追加した。

［9］ 設計工数の削減効果

結果として、「デジタル家電製品」事例への「3次元設計」導入の効果を紹介する。

デジタル家電製品での「3次元設計」の目標値の変化を**図表2.27**に示す。デジタル家電製品への「3次元設計」の導入目的は筐体設計・製造の開発期間短縮であった。事例では、結果として、開発期間は2次元設計の開発期間に比べて60％に短縮できた。製品設計と金型設計のコンカレントエンジニアリングと機械設計と電気電子設計の連携により、設計評価を試作品ではなく3Dデータで完了できたことで、試作回数を5回から2回に減らし、金型製造期間を20％削減できた。

図表2.27の目標値の変化では、設計工数は50％に短縮した。その設計工数の推移を**図表2.28**に示す。2.8［2］の製品開発プロセス分析で説明したように、2

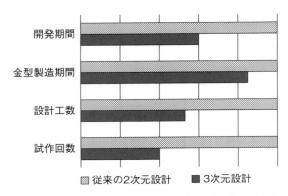

図表 2.27 「デジタル家電製品事例」への「3次元設計」導入目標値と実績の結果

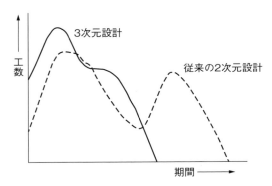

図表 2.28 「デジタル家電設計事例」における設計工数の推移

次元設計での設計工数のピークは設計出図前と試作1から試作5の評価時の2箇所があった。

「3次元設計」でも、1.13の3次元CAD設計の課題で説明したように、2次元設計に比べて1.5倍から2倍に設計工数が増える。これに加えて、試作品ではなく3Dデータで設計評価を終えること、すなわち設計出図前に3Dデータで設計評価を終えることで、大きな設計工数のピークが発生する。

しかし、「3次元設計」では、3次元CAD設計の場合と異なり、設計出図前に設計評価を終えることで設計品質が向上し、試作回数の削減により試作の評価時の工数が大きく減った。すでに解説したように、設計工数のピークが開発期間の早い段階に移ることをフロントローディングと呼び、3次元設計の特徴の1つで

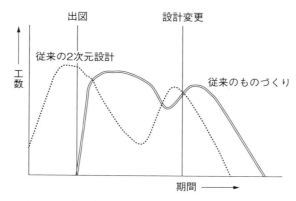

図表 2.29 「デジタル家電製品事例」における 2 次元設計工数と従来のものづくり工数の比較

あるが、量産製品「デジタル家電製品」の 3 次元設計事例では、このフロントローディングが全体の工数を増やすことなく達成できている。

 2 次元設計における、後工程としてのものづくり工程（金型加工、射出成形、計測）工数は、当然ではあるが、**図表 2.29** に示すように出図以降に発生する。この工程では、2D 図面とドキュメントなどの成果物から、ものづくりに必要な設計情報を把握し、不足する設計情報を設計者に確認する。つまり、ものづくり工程特有の専門情報を追加して、ものづくり情報を作成、ものづくり情報を使って、試行または試作をする。その後、仕様に基づき、試行結果または試作品を検査し、検査結果から問題点を検討して、設計者にフィードバックする。さらに設計者から設計変更を受けて、ものづくり情報を変更し、再び試行または試作を行い、仕様に基づき試行結果または試作品を検査して、合格すれば量産工程に入る。その結果、設計工数の推移に少し遅れて、出図と設計変更時に工数のピークを向かえる。

 この後工程に対して、「3 次元設計」を導入することによる、工数の推移を**図表 2.30** に示す。

 製品設計と金型設計のコンカレントエンジニアリングにより、出図前からものづくり工数が発生。3D データは、2D 図面に比べて設計情報が可視化によりわかりやすくなっているため、ものづくりに必要な設計情報の把握や不足する設計情報の確認、およびものづくり工程特有かつ専門の情報を追加することで、作業が集中的に行える。これらによって、従来の 2 次元設計時のものづくり工程より、ピークが高く短くなっている。さらに、ものづくり工程で気づく問題点がフロン

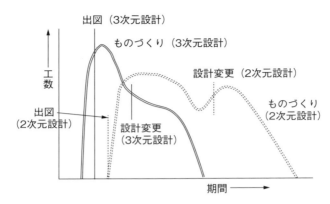

図表 2.30 「デジタル家電製品事例」への「3次元設計」導入
によるものづくり工数の推移

トローディングにより製品設計時に解決されるので、設計変更件数が減っている。結果として、「3次元 CAD 設計」のみの導入と異なり、全体の工数は、従来の2次元設計時の工数より低く抑えられる。

2.9 受注製品「社会産業機器」における「3次元設計」導入事例

2.8 の「デジタル家電製品」に続いて、受注製品「社会産業機器」に「3次元設計」を導入した事例を紹介する。1.12 で示した受注製品「社会産業機器」への「3次元 CAD 設計」の導入事例では、製品設計（機械設計）に 3 次元 CAD を適用したが、機械設計工数は従来の 2 次元 CAD 設計工数よりも増えて、開発期間短縮、品質向上、コスト削減の目標が達成できなかった。それでは「3次元設計」を導入した場合では、開発期間短縮、品質向上、コスト削減は、どうなったか、紹介する。

[1] 「3次元設計」の導入目的

ここで、「3次元設計」の導入目的を再確認しておく。社会産業機器の製品開発期間は 1 年 6 ヶ月にもなる。社会産業機器は受注製品で特定顧客の仕様に基づき試作機を開発し、試作機で機能と品質を確認、生産性を考慮した量産機を開発する。そのため、顧客要求から開発期間短縮、品質向上、コスト低減が必要となる。

［２］ 導入に先立ち、「社会産業機器事例」の製品開発プロセス分析

　社会産業機器開発の設計・製造の課題は何なのか、そして、その課題はどのくらい大きいものなのか、導入前に製品開発プロセス分析を行った。**図表 2.31** に「社会産業機器事例」における従来機種の製品開発プロセス調査結果を示す。

　社会産業機器では、製品開発プロセスは、試作と量産化に分かれる。機械設計（構想設計と基本設計と詳細設計）が完了して出図してから、部品手配、購入部品と加工部品を受け入れ、組立と調整、評価をする。機械設計側の構想設計で、設計仕様に基づく機能性能の実現を考え、基本・詳細設計で、部品と機器構造を設計する。これらを受けて、生産設計側では、部品の加工方法と組立方法を決定する。これは、製品設計で部品と機器構造が決まらないと検討できない。

　具体的には、電気電子設計で、電気電子部品（モータ、プリント実装基板、配線など）の選定と配置調整をする。これも、製品設計で機器構造と必要な動力源が決まらないと検討できないので、電気電子設計は出図後になる。ソフトウェア設計は、制御プログラムの開発と調整（デバッグ）をする。これも、電気設計側で制御回路が決まり、制御プログラムの制約条件が明らかにならないと検討ができない。さらに、機械設計・部品手配・組立・電気電子設計・生産設計が完了して、試作機が完成していなければ、制御プログラムの調整ができない。また、制御プログラムの完成が遅れれば、限られた開発期間では十分な総合調整ができない恐れもある。試作の影響は量産化にも影響して、機械設計と電気電子設計とソフトウェア設計の改良が必要になることもある。

　課題が明らかになったが、その課題の工数への影響は、どのくらいの大きさであろうか。**図表 2.32** に従来機種の設計工数調査結果を示す。図では、試作出図後

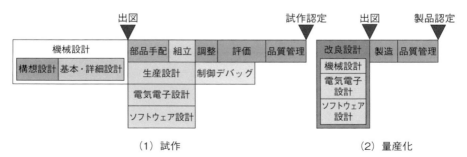

図表 2.31　「社会産業機器事例」における従来機種の製品開発プロセス調査結果（一般的な製品開発プロセスの例）

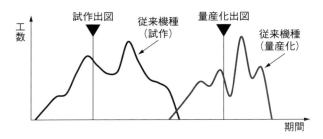

図表 2.32　「社会産業機器事例」における従来機種の設計
　　　　　　工数調査結果（従来の一般的な設計工数）

図表 2.33　「社会産業機器事例」における
　　　　　従来機種の設計変更調査結果

に大きなピークがある。これは組立と調整と評価の工程で、ここに機械設計以上の設計工数が取られていることがわかる。また、量産化でも量産化出図後に大きなピークがあり、その大きさは試作のピークと同程度の大きさになっている。これらによって、試作の影響が量産化にも影響していることが明らかになっている。

図表 2.33 には、従来機種の設計変更調査結果を示す。これは試作と量産化の設計変更を合わせて調査した結果である。設計再検討は干渉問題、組立不具合、部品加工不具合、保守性向上、検討不十分、手配漏れなどに起因する設計変更である。これらは、要素技術とその他に起因する設計変更件数よりも大きい。

従来機種の製品開発プロセス分析結果と設計変更調査結果から、社会産業機器の製品開発プロセスを分析した結果として、**図表 2.34** に示すような、3D データを活用した開発期間の短縮、品質向上、コスト低減の施策を考える。

- 機械設計の**設計情報**を **2D 図面**から **3D データ**に**置き換え**て、機械設計と生産設計を同時並行で行い、設計再検討（干渉問題、組立不具合、部品加工不具合、保守性向上）の問題を事前に解決して、試作機による評価期間、

第2章　3次元CAD設計から「3次元設計」へ：3Dデータを多面的に活かす　69

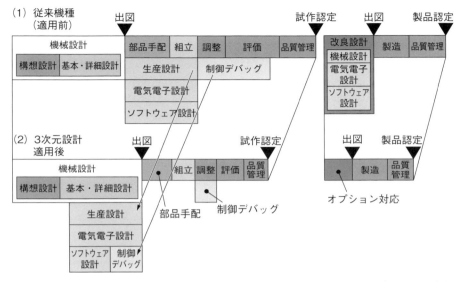

図表2.34　「社会産業機器事例」における3次元設計適用による製品開発プロセスの変化

特に組立と調整の期間を短縮する。

- 機械設計の設計情報を2D図面から3Dデータに置き換えて、機械設計と電気電子設計とソフトウェア設計を同時並行で行い、設計再検討（検討不十分）の問題を事前に解決して、試作機による評価を十分に行い、かつ期間を短縮する。
- 機械設計の設計情報を2D図面から3Dデータに置き換えて、機械設計と部品手配の連携を高めて、設計再検討（手配漏れ）の問題を事前に解決し、試作機による評価期間時間、特に組立と調整の期間を短縮する。

［3］　機械設計と電気電子設計とソフトウェア設計の連携

図表2.35に、「社会産業機器事例」における、従来での従来機種での「機械設計と電気電子設計とソフトウェア設計の連携」を中心とした設計プロセス分析結果を示す。ここでの連携は、1つの設計で作成した設計情報を残りの設計で活用し、活用した結果を発信元の設計にフィードバックすること。各工程では、それぞれの工程を終了して設計情報を発信する、さらに設計情報を受けて工程を開始する、といった制約が発生する。なお、製品開発の主体は機械設計側が担当する。

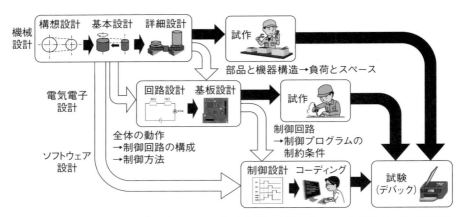

図表 2.35 「社会産業機器事例」における従来機種の設計プロセス分析結果(「3 次元設計」導入以前の一般的な設計プロセスの例)

　まず、機械設計側の構想設計で機器全体の動作を決定して、基本設計で機構部品と部品配置を決定し、詳細設計で部品形状(部品図)と機器構造(組立図)を決定する。次に電気電子設計側で、構想設計終了後に機器全体の動作から回路設計で制御回路の構成を検討し、詳細設計終了後に部品形状と機器構造から基板設計で電気電子部品と基板を決定する。ソフトウェア設計側では、構想設計終了後に機器全体の動作から制御方法を検討して、基板設計終了後に制御回路から制御プログラムを決定する。

　なお、必要な設計情報が最後に渡るソフトウェア設計がクリティカルパスになっており、機械設計からの情報が 2D 図面であるため、機械設計側が 2D 図面を仕上げなければ、双方が理解できる設計情報にはならない。

　図表 2.36 に、機械設計からの設計情報を 2D 図面から 3D データに置き換えた「3 次元設計」での設計プロセス例を示す。

　まず、1.1 で説明した 3D データの強みを活かして、設計情報を工程完了から工程途中に共有して、その設計情報が必要な工程開始を前倒しする。機械設計側では、構想設計で機器全体の動作を決定、基本設計で機構部品と部品配置を決定、さらに詳細設計で部品形状(部品図)と機器構造(組立図)を決定する。電気電子設計側では、構想設計途中に機器全体の動作から回路設計で制御回路の構成を検討し、詳細設計途中に部品形状と機器構造から基板設計で電気電子部品と基板を決定する。ソフトウェア設計側では、構想設計途中に機器全体の動作から制御

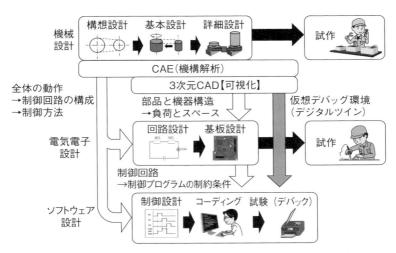

図表 2.36 「社会産業機器事例」における「3 次元設計」での設計プロセス例

方法を検討し、前倒しとなった基板設計終了後に制御回路から制御プログラムを決定する。つまり、全体として機械設計と電気電子設計とソフトウェア設計をコンカレントエンジニアリングとした。

コンカレントエンジニアリングを実現するために、3D データの共有において、3 つの工夫を施した。

- 社会産業機器の部品点数は 10,000 点ほどになり、個々の部品の 3D データだけでは、全体あるいは機能部分の構造がわからない。そのため、機械設計リーダーは、設計開始前にアセンブリ構成を検討して公表し、設計仕掛かり中でもアセンブリ構成を管理して最新の状態を保つようにした。
- 構想設計では必ずしも 3D データが作成されていないので、3D データの代わりに機構解析モデル（概略形状で機構動作を可視化したもの）を公開した。
- ソフトウェア設計の試験（デバッグ）では、3D データと機構解析を組み合わせた仮想デバッグ環境（MILS：Model In the Loop Simulation）を使用した。

[4] 製造性問題・組立性問題・保守性問題の上流ローディング

図表 2.31 で示したように、従来は、製造性、組立性、保守性を検討する生産設

計は、機械設計の後に行われていた。まず、機械設計段階の構想設計で機器全体の動作を決定して、基本設計で機構部品と部品配置を決定し、詳細設計では部品形状（部品図）と機器構造（組立図）を決定する。これらの設計情報は、2D 図面により、生産技術者、加工者、組立者、保守員に伝えられる。

　つまり、機械設計側が 2D 図面を完成させなければ、設計情報は生産設計側には伝わらない。たとえ 3D データが 2D 図面より理解しやすくても、2D 図面から 3D データに置き換えただけでは、設計仕掛かり中に設計情報が伝わった場合に、生産技術者、加工者、組立者、保守員は作業に掛かれないのである。そのため、生産設計者は、社会産業機器の全体がどうなっていて、設計情報がどの部分のもので、どのような完成度なのかを知る必要があった。そこで、機械設計リーダーが、設計開始前にアセンブリ構成を検討して公表し、設計仕掛かり中でアセンブリ構成を管理して最新の状態を保つことで、設計情報を共有して活用できるようになる。生産技術者、加工者、組立者、保守員は 3 次元 CAD の操作ができないため、3D データを PDM に集約管理し、ビューワデータに変換して、**図表 2.37** に示すデジタル DR により生産技術者、加工者、組立者、保守員に公開する必要がある。そうすることで、個々の PC、会議室や製造現場の大型液晶ディスプレイなどで、自由に設計進捗を確認することができるようになる。さらに、生産技術者、加工者、組立者、保守員からの明確なフィードバック方法を決めることで、

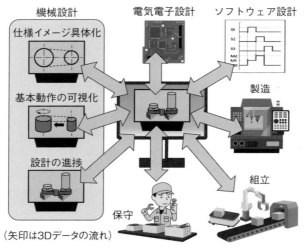

図表 2.37　「社会産業機器事例」におけるデジタル DR

組立性課題・製造性課題・保守性課題を出図前に事前解決することができた。

[5]　板金 CAD/CAM との連携

　社会産業機器の加工部品は、切削加工、金型設計・射出成形、板金加工で製造される。ここでは 3D データによる連携の例として、板金加工の事例を示す。**図表 2.38** に板金 CAD/CAM との 3D データによる連携を示す。板金 CAD/CAM との連携では、3D データを自動展開して板金加工 CAM データを作成することがポイントである。まず、2D 図面に描いていた属性情報を 3D データに追加する。次にネスティング（無駄部分が少なくなるように効率的に展開形状を板金に配置すること）とブランク加工とベンディング加工の加工属性を選び出して、形状に反映させる部分とチェックルールに分けて 3D データに追加する。さらに板金 CAD/CAM に「3D データの属性情報を読み取りデータを作り込むためのプログラム」を追加して、実際に 3D データを読み込み、自動展開した展開図の板金 CAM データを作成する。これにより、板金部品の部品手配のリードタイムを短縮した。

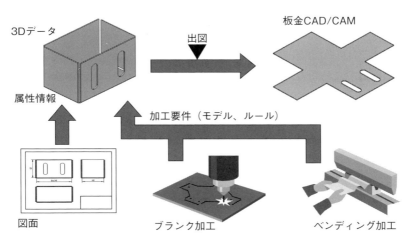

図表 2.38　板金 CAD/CAM との連携（矢印は 3D データの流れ）

[6]　設計構成管理

　図表 2.39 に「社会産業機器事例」における設計構成管理の手順を示す。
　まず、3 次元設計と PDM によりアセンブリ構成を作成。仕様書・生産計画の情報も PDM に属性情報として集中登録して、アセンブリ構成を設計構成

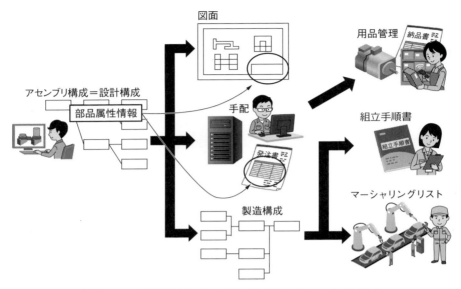

図表 2.39　設計構成管理の手順（矢印は 3D データの流れ）

（EBOM）に仕立てる。その PDM から設計構成を生産管理システムに送って、製造構成（MBOM）変換を支援するインターフェイス、PDM から属性情報を抽出して 2D 図面の表題欄を自動的に作成するインターフェイスと、PDM の属性情報と進捗情報を抽出して部品発注・製造・組立を手配するインターフェイスを整備して、構成表から手配までの期間を短縮し、業務品質を向上する。

［7］　3D データと 2D 図面の出図

すでに説明したように、社会産業機器の 3 次元設計では、3D データと 2D 図面を出図する。3D データは機械設計と電気電子設計とソフトウェア設計の連携、製造性問題・組立性問題・保守性問題の上流ローディング、板金 CAD/CAM との連携、などのために段階的に出図する。また、3D データからビューワデータへデータ変換した時、および板金 CAD/CAM インターフェイス適用時のタイムスタンプを記録する。一方、2D 図面は、機械設計と電気電子設計とソフトウェア設計の連携と、製造性問題・組立性問題・保守性問題の上流ローディングが完了後、すなわち試作前に可能な限りの設計評価結果を 3D データに反映して、製図規格（JIS B0001：2019　機械製図など）に基づいた表記が完成した時に出図す

第 2 章　3 次元 CAD 設計から「3 次元設計」へ：3D データを多面的に活かす　　75

る。この時に 3D データも最終出図とする。

［8］　3 次元 CAD 設計手順の強化

　社会産業機器の 3 次元 CAD 設計手順は 1.12 [1] で示したように、2 次元平面で主要部品の配置と搬送経路を決定する構想設計、部品ライブラリから機構部品を配置して機能を検討する基本設計、機構部品の固定部品や保護カバーや配線などを検討する詳細設計の順で行い、これらを合わせて干渉判定をする。この 3 次元 CAD 設計手順は「3 次元設計」の場合でも活用し、それに 3 次元設計で強化した施策を追加する。

　機械設計・電気電子設計・ソフトウェア設計の連携に関しては、機械設計と電気電子設計とソフトウェア設計のコンカレントエンジニアリングの作業手順と設計情報交換とデータ交換（インターフェイスの使い方、入力データの準備、出力データの受け取り）、3D データをビューワデータにデータ変換、2D データ（2D 図面データ）をビューワデータにデータ変換、機構動作の可視化（3D データと機構解析結果の組合せ）、を追加した。

　製造性問題・組立性問題・保守性問題の上流ローディングに関しては、製造性 DR による製品設計と部品製造の確認手順と情報交換（製品設計から部品製造へ情報提供、部品製造から製品設計へ情報フィードバッグ）、組立性 DR による製品設計と生産組立の確認手順と情報交換（製品設計から生産組立へ情報提供、生産組立から製品設計へ情報フィードバッグ）、保守性 DR による製品設計と製品保守の確認手順と情報交換（製品設計から製品保守へ情報提供、製品保守から製品設計へ情報フィードバッグ）、3D データからビューワデータへデータ変換、を追加した。

　板金 CAD/CAM との連携に関しては、板金部品 3D データに板金加工要件の盛り込み、板金部品 3D データに属性情報を追加し、板金部品 3D データを板金 CAD/CAM へ読み込む方法（インターフェイスの使い方、入力データの準備、出力データの受け取り）を追加した。製品設計と切削加工 CAD/CAM および金型設計 CAD/CAM の連携も追加した。

　設計構成管理に関しては、部品およびアセンブリの 3D データに定義する属性情報、アセンブリ構成から設計構成（EBOM）へのデータ変換、および設計構成（EBOM）から製造構成（MBOM）へのデータ変換を追加した。

[9]　運営ルールの強化

3次元設計で強化した施策を運営ルールに追加する。

機械設計と電気電子設計とソフトウェア設計の連携に関しては、機械設計から電気電子設計とソフトウェア設計に受け渡す設計情報・入力データ・ビューワデータに含む設計要件の宣言、電気電子設計とソフトウェア設計から機械設計へのフィードバック情報に含む設計要件の宣言、を追加した。

製造性問題と組立性問題と保守性問題の上流ローディングに関しては、製品設計から部品製造・生産組立・製品保守に受け渡す設計情報と入力データ、ビューワデータに含む確定事項の宣言、部品製造・生産組立・製品保守から製品設計へフィードバックする情報に含む製造要件と組立要件と保守要件の宣言、を追加した。

板金CAD/CAMとの連携に関しては、板金部品とアセンブリの命名方法、板金CAD/CAMへ読み込む板金部品3Dデータに含む板金加工要件の宣言、を追加した。

設計構成管理に関しては、アセンブリ構成と設計構成（EBOM）と製造構成（MBOM）の命名方法、部品およびアセンブリの3Dデータに定義する属性情報の書式と記入する内容、を追加した。

[10]　効果

ここまで紹介した受注製品「社会産業機器」の3次元設計事例での効果を説明する。社会産業機器の3次元設計の目的も、開発期間短縮、品質向上、コスト削減であった。

「3次元設計」の導入により、開発期間短縮は従来機種の開発期間の30％を削減、品質向上は従来機種の設計変更の88％を削減した。

設計変更のうち残りの12％は、図表2.22で示した従来機種の設計変更調査結果の要素技術とその他の設計変更の範囲内に該当するので、試作出図前に3Dデータで設計検討を済ませて品質を確保した。コスト削減については、部品点数とねじ種類とねじ本数を30％削減した。これは材料費および加工費のコスト削減に関係する。

これらの設計工数の推移を図表2.40に示す。2.9［2］の製品開発プロセス分析で説明したように、従来機種は試作と量産化に分けて2次元設計を行っていた。

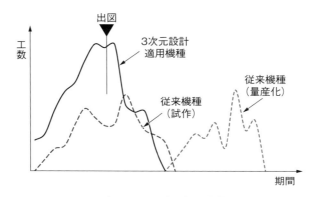

図表 2.40　設計工数の推移

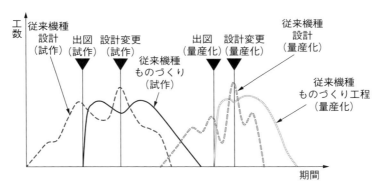

図表 2.41　2 次元設計工数とものづくり工数

　試作と量産化の設計工数を合算した従来設計に比べて、3 次元設計適用機種では、3 次元設計の実践に加えて、機械設計と電気電子設計とソフトウェア設計の連携と製造性問題・組立性問題・保守性問題の上流ローディングで、設計評価を試作品ではなく 3D データで終えることができ、組立と評価と調整で発生した設計変更に伴う対応で、フロントローディングを達成。設計工数もおよそ半分にできた。

　従来（2 次元設計）の社会産業機器のものづくり工程（部品製造、部品測定、生産組立、組立測定、調整、評価）における工数は、**図表 2.41** に示すように、出図以降に発生する。

　この場合の手順を概説すると、2D 図面とドキュメントなどの成果物から、ものづくりに必要な設計情報を把握。不足する設計情報を設計者に確認。ものづくり工程特有かつ専門情報を追加して、ものづくり情報を作成。ものづくり情報を

使って、試行または試作。仕様に基づき、試行結果または試作品を検査。検査結果から問題点を検討して、設計者にフィードバック。設計者から設計変更を受けて、ものづくり情報を変更。再び試行または試作を行い、仕様に基づき、試行結果または試作品を検査して、合格すれば量産設計に入る。

その結果、設計工数の推移（図表 2.40 参照）に少し遅れて、出図と設計変更時に工数のピークを向かえることになる。

これに対して、3 次元設計を導入した際のものづくり工数の推移を**図表 2.42** に示す。

製品設計と部品製造と生産組立のコンカレントエンジニアリングにより、出図前からものづくり工数が発生するようになった。3D データは、2D 図面に比べて設計情報が可視化によりわかりやすくなっており、ものづくりに必要な設計情報の把握、不足する設計情報の確認、ものづくり工程特有かつ専門情報を追加して、ものづくり情報を作成する作業が集中的に行えるため、従来の 2 次元設計時のものづくり工程より、ピークが高く短くなっている。

フロントローディングにより製品設計時にものづくり工程で気づくような問題点を解決できるので、設計変更件数が減っている。**その結果、「デジタル家電製品」と同様、従来の 2 次元設計時のものづくり工数より全体工数を低く抑えられている。**

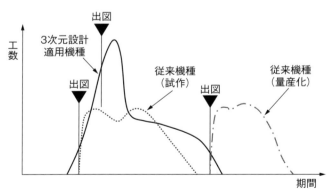

図表 2.42　ものづくり工数の推移

2.10 「3次元設計」の課題：3Dデータを活用した2つの設計事例から得られた教訓

「3次元設計」の課題は、2次元設計に比べて、設計出図前の設計工数が掛かる点である。

2.8 ［9］の量産製品「デジタル家電製品」の3次元設計の効果および2.9 ［10］の受注製品「社会産業機器」の3次元設計の効果で示したように、3次元設計の目的（開発期間短縮、試作回数削減、部品点数低減）は達成できた。しかしながら、設計工数は試作評価での後戻り工数が3Dデータでの設計検討工数にフロントローディングして、2次元設計との設計工数に同等、もしくは増加してしまう。すなわち、設計出図前の設計工数が掛かっているのである。この点を「3次元設計」の設計成果物作成の観点から、さらに検討してみる。

［1］ 2D図面レスへの対応

上記の課題を解決するためには、「3次元設計」では3Dデータのみで出図をしたい。ただし、3次元CADが必ずしもデジタル製品技術文書情報規格（JIS B 0060シリーズなど）に基づいて3Dデータが表記できない場合、あるいは生産・製造・計測部門から製図規格（JIS B0001：2019 機械製図など）で表記した2D図面を要求された場合、3Dデータから2D図面を作成して出図する。そこで、3次元設計の設計工数を削減するために、2D図面の設計情報を3Dデータに表記して2D図面を不要にすることを考えた。すなわち、**図表2.43**に示すように、2D図面レスである。

2D図面の設計情報を加えた3Dデータは「3D単独図」と呼ばれている。**図表2.44**に3D単独図の例を示す。この3D単独図では、3Dデータに2D図面の設計

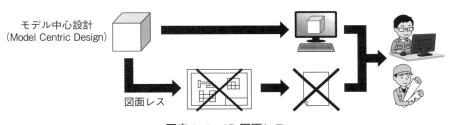

図表2.43　2D図面レス

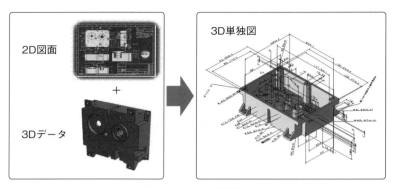

図表 2.44　3D 単独図

情報が全て表記されているが、寸法線や寸法や指示事項が重なり、文字の方向がまちまちで見えづらくなっている。これでは、有効な設計情報を伝達する手段として使えない。また、3D 単独図を見たり、3D 単独図で設計情報を確認するには、それに対応した 3 次元 CAD またはビューワのソフトウェアとハードウェアが必要になる。

[2]　設計情報の伝達

図表 2.45 に、生産・製造・検査への設計情報伝達を示す。3D モデルと 2D 図面を出図して、生産・製造・検査が開始されることを期待したいが、これだけでは設計情報として不足する。そのため、補足のドキュメントや情報の提供、補足の打合せも必要になる。さらに次工程作業からのリクエストにより追加情報と、設計変更も同様に加わる。そのため、最終的には、設計情報は「3D データと 2D 図面」だけではカバーできない。なお、3 次元設計の設計工数には、補足ドキュメント情報作成と補足イベント打合せの工数も含まれる。

次章では、これらを解決するために、「3D データと 2D 図面の運用による図面

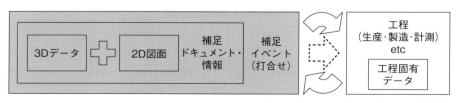

図表 2.45　生産・製造・検査へ設計情報伝達

第2章　3次元CAD設計から「3次元設計」へ：3Dデータを多面的に活かす　81

レス」での課題を解決し、3D単独図の問題点を改善した、「3DAモデル」につい
て紹介する。

〈コラム1　効率的で、付加価値の高い設計工数の調査方法〉

　製品開発プロセス分析は、製品開発プロセスを可視化して、課題を明確化する
ために必要な作業である。課題の大きさや施策の効果を示すために、定量的に分
析したい。その代表例が設計工数調査となる。設計工数調査は精度を上げれば上
げるほど、設計者に負担が掛かる。設計者1人が複数機種を抱えており、設計の
進捗具合によっては担当変更や追加も入る。そのため、業務日報を書くなど、普
通に工数分析や業務分析を実施したのでは、製品1機種当たりの工数変化が掴め
ない。

　設計者に負担を掛けず、経営指標に関係する効果把握の観点から継続的に設計
工数調査をするには、三元負荷分析が便利である。三元負荷分析は、設計者集団
総工数を業務目的負荷（製品構成負荷分析）、業務フロー負荷分析、業務形態負
荷分析で客観的に捉えることで、短時間で業務内容を分析できる。

　作業としては、製品の部品構成、製品開発工程、作業内容を調べて、一覧表
（調査表）を作成する。定点観測の曜日・時間を決めておき、定点観測時に設計者
が調査表に「どの製品のどの部品、どの工程、どのような作業」をしていたかを
選択する。調査を1時間ごとに行えば、調査票は1時間ごとの作業内容を聞いて
おり、定点観測点の前後30分は、製品の部品、工程、作業をしていたものと断定
できるため、それを工数と考えて集計できる。製品1機種あたりで、部品構成
（例えば、機構部品、電気電子部品、筐体）、製品開発工程（例えば、構想図作成、
検討図作成、部品図作成、組立図作成、部品構成作成、検図、出図、DR、試験評
価、試作）、作業内容（例えば、調査、構想計画、設計計算、CAD作業、出図、検
図、会議打合せ）の設計工数を日付別に集計することで、比較的手軽に設計工数
を集計して、多面的に傾向を知ることができる。

第3章
3Dデータと図面を3DAモデルへ：設計情報のデジタル化と構造化

3.1 3D単独図の課題と解決：3D単独図の何が問題なのか

［1］ 3Dデータと2D図面の運用（図面レスと製図レス）

　「3次元設計」は、2次元設計に比べて、設計出図前の設計工数が掛かるという課題があった。その課題はどのように克服すべきか。

　「3次元CAD設計」でも、「3次元設計」でも、3Dデータの強みは必要である。生産・製造・計測には3Dデータだけでは設計情報が不足しており、設計情報を表記するために2D図面を作成していると、設計出図前の設計工数は減らない。また、2D図面の設計情報を3Dデータに加えて3D単独図にすると、図表2.44で示したように、設計情報が重なって表記されて見えづらくなり、設計情報伝達手段にはならない。3D単独図に対応したハードウェアとソフトウェアも必要になる。

　これらの課題を解決するには、設計情報を3Dデータに集約して、その規格に則って表記する必要がある。さらに、**図表3.1**に示すように、わざわざ2D図面を作成しない「製図レス」を目指す必要がある。

［2］ 補足のドキュメントと打合せ（3D正運用）

　「3次元設計」の設計情報には、3Dデータと2D図面の作成だけではなく、補足の打合せも必要で、これには次工程作業からのリクエストによる追加情報と設計変更対応も含まれる。これら全ての情報を3Dデータに盛り込み、その中には生産・製造・計測部門が管理している情報もあるので、さらにその3Dデータから参照できるようにしたい。**図表3.2**に示すように、3Dデータに設計情報を集約し、設計情報の作成と管理を統一的な情報体系で行うことで、「3次元設計」の設計工数の削減に繋げたい。

第 3 章　3D データと図面を 3DA モデルへ：設計情報のデジタル化と構造化

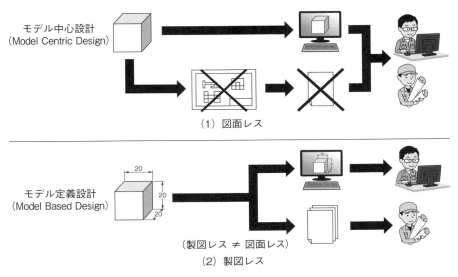

図表 3.1　図面レスと製図レス（製図レス ≠ 図面レス）

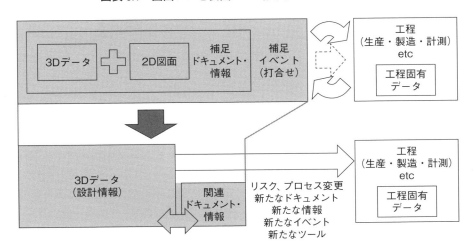

図表 3.2　設計情報の 3D データへの集約

[3]　判断の曖昧さ（2D 図面の公差を 3D データで表現する）

　部品形状や部品組立は形状（寸法）だけでは決まらない。部品や組立品の合格判断を経済的に行うためには、公差が必要である。「3 次元設計」では、3D データに公差が反映できないため、**図表 3.3** に示すように、3D データと 2D 図面の組

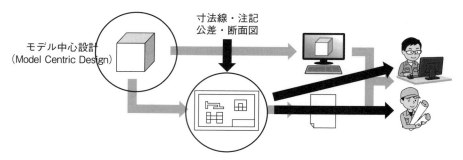

図表 3.3　公差を伝えるための「3D データと 2D 図面の組み合わせ」

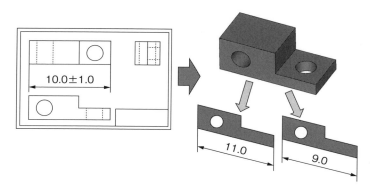

図表 3.4　3D データの寸法に公差の最大値と最小値を組み合わせる

み合わせで設計情報を伝達している。これは、すでに何度も説明したように、3D単独図では、寸法や公差が重なってしまい見え難くなってしまうため。今後の3Dデータの活用という点では、3Dデータに公差が反映されることを期待したい。例えば、**図表 3.4** に示すように、3Dデータの寸法に公差の最大値と最小値を組み合わせる。また、**図表 3.5** に示すような、抜きこう配を考慮した樹脂部品では、抜きこう配の基準位置とパーティングラインの位置により、形状と公差の組合せが複雑になり、全ての組合せを考慮した3Dデータを用意して運用することはできない。そのため、なんらかの形で、3Dデータに公差の取り込みが必要である。

　それを実現するのが、次節から説明する「3DA モデル」である。

第3章 3Dデータと図面を3DAモデルへ：設計情報のデジタル化と構造化　85

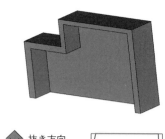

図表3.5　抜きこう配を考慮した樹脂部品では「形状と公差の組み合わせ」が複雑

3.2　3DAモデルの定義：3DAモデルとは何か

　3DAモデルは、**図表3.6**に示すように、製品の3次元形状に関する設計モデルを中核として、サイズ公差・幾何公差・表面性状・各種処理・材質などの製品特性と、部品名称・部品番号・使用個数・箇条書き注記などのモデル管理情報とが加わった、製品情報のデータ群である（JIS B 0060-2）。これには、部品（単部品）または組立（複数部品により構成される組立品）があり、現在まで利用されている、3Dデータと2D図面で表現した製品データ群の代わりとなる。

　ただしこれは、3DAモデルから3D空間上の平面へ投影した2D図面情報と、2D図面枠と合体した印刷物（紙）によって、設計情報を伝えることも可能であり、必ずしも図面レスを求めるものではない。

　ここで、3DAモデルのデータとしての基本的な考え方を説明する。

- 設計情報のデジタル化

　3次元設計では3Dデータを生産・製造・計測で使うことで効果を生んだ。2D図面で表現していた3Dデータ以外の設計情報も利用するためには、コンピュータ上で利用できるように、設計情報を全てデジタル化する必要がある。

- 設計情報の一元管理

　3Dデータと2D図面のデータ管理は、1.7の3Dデータ管理と2.6の3Dデータと2D図面の出図の対応で説明した。設計情報を3Dデータと2D図面の異なる形態で二重管理し

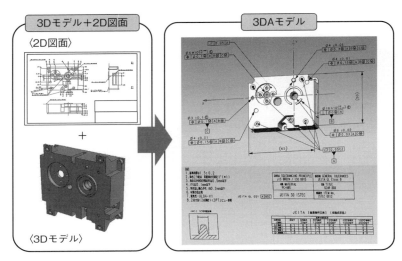

図表 3.6 3DA モデルの定義

ており、手間の発生と混乱を招く可能性がある。3DA モデルではシングルデータベースにより設計情報を一元管理して手間の発生と混乱を回避できる。

● **要素間連携**

設計情報のデジタル化と一元管理により、3DA モデルに設計情報が集約される。3DA モデルでは、設計情報を表現するだけではなく、設計情報間の関係を常に正しく保つ必要がある。

3.3 3DA モデルの要件：3DA モデルは何ができるのか

次に、3DA モデルで可能になる 2 つの要件を説明する。

● **3DA モデルで設計情報を完全に表現できる**

設計者は、仕様書と、専門知識・過去経験などを照らし合わせて思考検討をし、多種多様な設計情報を作成する。

● **3DA モデルで設計業務の共有ができる（3DA モデルが設計プロセスで共有できる）**

設計業務は、1 人の設計者だけで作業が完結するものではなく、複数の設計者が、仕掛りの設計情報を共有して、検討を繰り返し最終的な設計情報に仕上げなければならない。3DA モデルは 3 次元 CAD によって作成された可視化情報であり、複数の設計者が共有しながら設計業務を遂行する。

3.4 3DAモデルのスキーマ：3DAモデルの作り方の原則

図表 3.7 に示す 3DA モデルのスキーマについて説明する。スキーマとは、データベースやデータ群の構造を示す階層の名称のこと。電機精密製品産業界で使われる代表的な設計情報を調査して、表現の種類・作成方法・用途などを分類するもので、図では、MIL-STD-31000B（Military Standard-31000B：アメリカ軍への物資の技術情報の表現）の階層構造を応用している。3DA モデルの設計情報を 3D モデル（3D 形状）、PMI（Product manufacturing information：製品製造情報）、属性、マルチビュー、2D ビュー、URL やドキュメントファイルなど関連情報とのリンクの 6 つのスキーマで表現している。

- 3D モデル（形状）

部品形状、組立品の部品構成。

- PMI（Product manufacturing information：製品製造情報）

3D モデルの全体または特定箇所に関連するテキストと参照形状（3D モデルに直接関係しない補足幾何形状）。例えば、寸法、公差、表面性状、各種処理の指示事項、箇条書き注記、生産製造に向けた指示事項、設計変更表記など。

- 属性

3D モデルの全体を示すテキストと表形式の情報。例えば、表（モデル管理表・普通公差表・部品構成表など）、部品名称、部品番号、使用個数、質量特性、材質、設計変更の

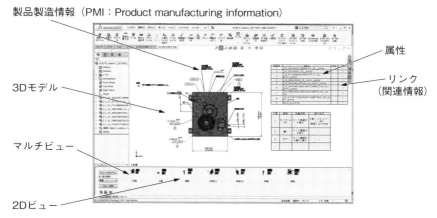

図表 3.7　3DA モデルのスキーマ

履歴など。

● マルチビュー

3Dモデルをパソコンなどの画面に表示するときの表示レイヤー（表示画面と表示属性）。複数個持つことができる。3次元CAD・ビューワなどで表示属性情報を切り換えることで、目的に応じた内容で3Dモデルを可視化できる。例えば、表示領域、表示方向、表示色、表示方法、表示／非表示する要素など。

● 2Dビュー

3Dモデルを3D空間上の平面へ投影した2Dの表示レイヤー（表示画面と表示属性）。複数個持つことができる。3Dモデルを交差する平面で切断して断面図を作成するとき、2D図面枠と合体して印刷物（紙）を作るための2D情報（正面図・上面図・側面図・底面図）を作成する場合に使用する。例えば、2Dの表示領域、表示方向、表示色、表示方法、表示／非表示する要素など。

● URLやドキュメントファイルのリンク

3DAモデルが大容量になると、ネットワークでの転送が遅くなる。3DAモデルの運用を考えて、3DAモデルには直接書き込まず、3DAモデルで操作する時に関連ドキュメント（3DAモデルに直接書き込まないとか、別システムで管理しているドキュメント）を利用する（見る・データを使う）ことができる。例えば、製品仕様書、技術標準、設計標準、実験結果、会議の議事録、コスト、納期など。

3.5　設計情報調査分析：3DAモデルをどう作る

ここでの設計情報調査分析とは、3DAモデルの作成と運用のために、既存の製品開発プロセスで使用している、もしくは必要となる設計情報を調査分析で明らかにすること。**図表3.8**に設計成果物の一覧を示す。図表のように、設計から生産、製造、計測へ出図される設計成果物と、設計仕掛かり中で取り扱われる設計仕掛かり物で構成されている。これとは別に、2.4の製品開発プロセス分析で作成した設計情報フローチャートを利用することもできる。設計情報フローチャートとは、工程間や工程内の設計情報の流れを示したものである。

設計成果物は、3Dデータ、2D図面、仕様書、構成表などのデータセットやドキュメント単位で記入していることが多い。ここで必要な設計情報は、設計成果物の中身である。一例として、**図表3.9**に設計情報の一覧を示す。

第 3 章　3D データと図面を 3DA モデルへ：設計情報のデジタル化と構造化　　89

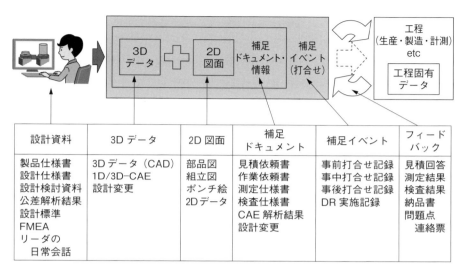

図表 3.8　設計成果物の一覧

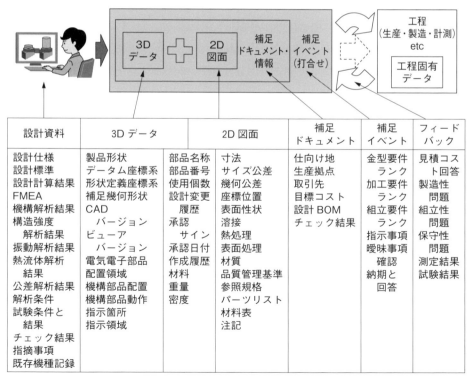

図表 3.9　設計情報の一覧（例）

設計情報調査分析においては、設計情報の定義が重要である。設計情報が、何を示しているのか、どのような表現形式なのか、どの設計情報と関連しているのか、どのような作業・判断・行動に使うのか。設計情報がデータセットやドキュメントに分かれている場合もある。

例えば、**図表 3.10** に位置度の幾何公差を一例として取り上げる。位置度の幾何公差指示は、位置度の記号、参照するデータム座標系が部品図に表記されている。位置度の具体的なデータ、すなわち、データム座標系の位置、データム座標系の参照面、位置度を指示する穴は、3D データに含まれる。位置度の幾何公差指示は部品の計測で活用され、位置度の測定方法、被測定物（部品）の固定方法、CMM（3 次元測定器）を利用することは測定仕様書に書かれている。

設計情報の定義と内容が揃ったら、**図表 3.11** に示すように、設計情報を 3DA モデルの 6 つのスキーマで表現する。3D 設計情報を何でも 3DA モデルに取り込むと、3DA モデルのデータ容量が膨大になり運用が困難になる。そのため、次のような点をチェックする必要がある。

- 設計情報が生産、製造、計測で使われるのか？
- 3DA モデルに取り込む必要があるのか？
- 規約や規定など補足資料で代替えできないか？

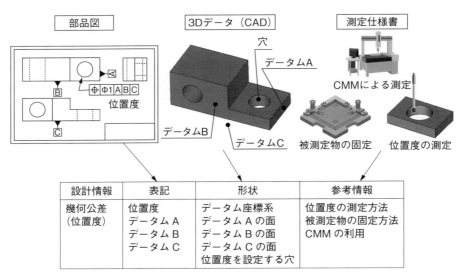

図表 3.10　設計情報間の関連（例えば、幾何公差）

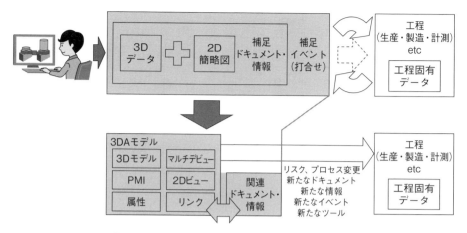

図表 3.11　設計情報を 3DA モデルのスキーマで表現

- 表記を省略できないか？
- 国際標準で規定されていないか？

3.6　グラフィック PMI とセマンティック PMI：設計情報をものづくりに伝えるために

[1]　グラフィック PMI とセマンティック PMI とは

3DA モデルのスキーマである PMI を説明する。PMI には大きく分けてグラフィック PMI とセマンティック PMI の 2 種類がある。

- グラフィック PMI

人が目で見て判断するために、表示するだけの PMI で、設計者が 3 次元 CAD のスケッチ機能を使って柔軟に作成できる。

- セマンティック PMI

寸法や幾何公差など記載事項の意味まで表現する PMI で、CAM、CAT などのソフトウェアが自動処理することができる。

図表 3.12 に、位置度の幾何公差指示によるグラフィック PMI とセマンティック PMI の違いを示す。図の左の 3DA モデルの画面上に、位置度の幾何公差指示が PMI で表記されている。

グラフィック PMI の場合、加工者や計測者が PMI を目で見て、これが位置度

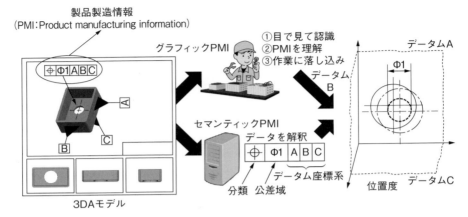

図表 3.12 グラフィック PMI とセマンティック PMI

の幾何公差指示と認識する。位置度の幾何公差指示であることから、データム座標系、データム A、データム B、データム C と穴（形体）を 3D モデルから見つけ、CAM や CAT に位置度の幾何公差指示の内容を再入力する。

　セマンティック PMI の場合、位置度の幾何公差指示は 3D モデルのデータム座標系、データム A、データム B、データム C と穴（形体）の要素と結び付けられている（要素間連携している）ので、その関係性が CAM や CAT に取込まれる。そのため、加工者や計測者が位置度の幾何公差指示の内容を再入力する必要がない。また、3D モデルのデータム座標系、データム A、データム B、データム C と穴（形体）が変更されても、要素間連携によって位置度の幾何公差指示に変更内容が反映される。3 次元 CAD がセマンティック PMI 機能を持っている場合、極力セマンティック PMI を利用すべきである。

［2］　幾何公差をセマンティック PMI で 3D モデルに取り込み

　幾何公差指示をセマンティック PMI で作成することで、3D データに幾何公差を取り込むことができる。3D データは、**図表 3.13** に示すように、B-rep（Boundary Representation：境界表現）構造で表現されている。3D データを構成する面、面と面の接続によって定義され、パート（立体）と面の階層構造を形成している。これを形状ベースの階層構造と呼ぶ。この表現は特徴的な形体によらず、一律の表現である。例えば、穴は内部の円筒面と上面の円（境界）と下面

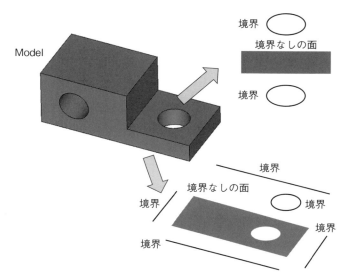

図表 3.13　3D データの B-rep 構造

の円（境界）で表現される。

　幾何公差とは、簡単にいえば、形体に対して必要な規制を施す方法である。形体とは、対象物（部品）の各部にある幾何形状で、形体、形体の形状・位置・方向・範囲、公差域、基準のデータムといった要素に分解できる。3D データの B-rep 構造と形状ベースの階層構造では、これらの要素を組み込むことが難しい。そこで、**図表 3.14** に示すように、形体をベースとしたセマンティックな階層構造を定義する。パート（立体）の形体を考えて、表面と穴といった要素を、フィーチャベースの階層構造またはセマンティック GD&T（ASME の規格に従った製図規格の幾何公差設計法：Geometric Dimensioning and Tolerancing）階層構造として表現する。フィーチャベースの階層構造に幾何公差の要素を組込み、公差域を 3D データ上に構築すれば、形状ベースの階層構造に必要な面情報を取得することで、3D データで幾何公差を表現できるようになる。

　セマンティック GD&T 階層構造は QIF（品質情報標準：ISO-23952）に採用されている。

［3］　サイズ公差の 3DA モデルへの取り込み

　幾何公差はセマンティック GD&T 階層構造により、3D モデルに取り込むこと

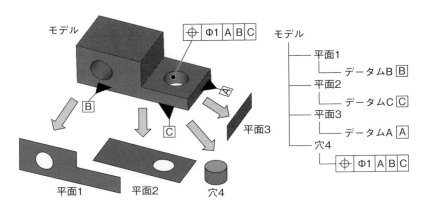

図表 3.14　3D データに反映される幾何公差

ができる。3.1 ［3］で説明したように、サイズ公差の最大値と最小値の組合せ、さらには、穴と軸の反りやうねり、表面仕上げ、熱膨張、材料特性といった誘導形体問題（部品の形状によって公差が影響を受ける）は、サイズ公差（寸法公差）を 3D モデルに取り込むことが難しい。

　そのため、設計者が製造者（加工者と生産組立者）と協力して適切な公差設定を行い、その上でサイズ公差を PMI と属性で取り込み、また、3DA モデルの表記だけでなく、中間ファイルや DTPD をはじめとするアプリケーションへデータ変換した時にもサイズ公差を取り込みたい。

　これに対しては、サイズ（寸法）とサイズ公差（例えば、10.0±0.05）を属性で定義して、PMI を使って表記する。PMI の補助線を 3D モデルの頂点または中心点に付けるのではなく、3D モデルの稜線（エッジ）または面に付ける。頂点と中心点は補助形状になるのでデータム点を作成してから付ける。

［4］　表のデジタル化

　機械設計では、表題欄、部品欄、変更履歴欄、歯車や軸受けなどの要目表、公差表、注記（箇条書き一覧）など、表を使う機会が多い。設計仕掛かり中および設計成果物で常時表示する表だけでなく、3DA モデルの要素を指示した時にも、関連する属性データを表示する表（JIS B 0060-9 の JIS DTPD の非表示要求事項）がある。

　これらの表は、3DA モデルの属性とリンク（関連情報）を可視化するだけでな

第 3 章 3D データと図面を 3DA モデルへ：設計情報のデジタル化と構造化　95

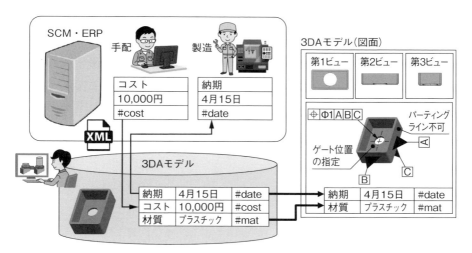

図表 3.15　セマンティック表によるデータ連携例

く、3D モデルと PMI の設計パラメータを一覧表示するためにも使用する。この表は、3 次元 CAD のスケッチ機能を使って、柔軟に作成することができるが、グラフィック表現の表なので人が目で見て判断し、都度作成する必要がある。これに対して、セマンティック表現の表ならば、表の記載事項の名前と内容とパラメータまで表現することができる。

図表 3.15 に示すように、3DA モデルで、納期、コスト、材質の設計情報を表で表現して、それぞれ、#date、#cost、#mat などのパラメータを定義する。3DA モデルから作成した 2D 図面にも、納期とコストに関して、セマンティック表現の表を作成しておけば、3DA モデルから、納期（図では 4 月 15 日）、材質（図ではプラスチック）が自動的に記入され、2D 図面作成時に、納期と材質を転記する必要がない。

納期は、ERP（経営管理システム：Enterprise Resources Planning）を経由して、自動的に製造に伝えられる。また、手配時に、納期を伝票に転記する必要もない。コストは、手配が獲得した価格（図では 10,000 円）が SCM（サプライ・チェーン・マネジメント：Supply Chain Management）を経由して 3DA モデルに取り込まれ、表のコストに自動的に記入される。これで、見積書から 3DA モデルへ転記する必要がなくなる。属性の定義（名前、パラメータ、内容）は自社と工場やサプライヤーなどの間で共通化しておくとよい。

3.7 要素間連携：3DAモデルを効率的に作るために

3.4で説明した3DAモデルのスキーマにより、集約した設計情報を整理して体系化することができる。ただし、設計情報をセマンティックにするには、さらに設計情報の意図をデータに織り込む必要がある。その手段の1つが要素間連携である。

要素間連携とは何かを、**図表 3.16** を使って説明する。図は、3次元CADで板金部品のボルト穴を座標系（中央の大きな軸をはめる穴の中心）から距離によって定義される円周上にあけたもの。最初の穴の位置は座標系を通る直線により決定し、穴の間隔は最初の穴を始点とし一定な角度を持つ円弧の終点にあける。

この時の3次元CADの操作は、定義する円を使って直線と円弧を描き、必要寸法を追加、そして定義する形体のモデリングに使用した幾何図形および寸法を表示する。この穴の大きさや位置を変更する場合は、円弧の角度寸法を選択すると、円弧の基準となる円と直線により定義されたボルト穴がハイライトされる。（ハイライトとは、色が変わる、強調する、点滅するなどして、その要素をユーザに強調すること。）また、円弧のピッチ円寸法を選択すると、円弧の基準となる円と直線により定義されたボルト穴がハイライトする。このハイライトにより、どの要素を変更操作すればよいか、そしてどの要素に影響が発生するのかが明確

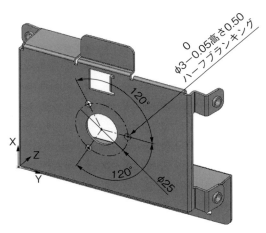

図表 3.16 要素間連携を説明するための3DAモデル図の例

になる。

　このような作業によって、設計者は最適な操作で目的を達成することができるが、これらの要素間の関係を要素間連携と呼んでいる。

　要素間連携の利点は、設計意図を可視化して確認できると同時に、設計意図に応じた操作支援が受けられるところ。ここでの設計意図とは、部品や組立品についての主な設計要求を要素表示と要素間の相互関係で具体化したものである。

　図表 3.17 に「形状と拘束の要素間連携」を示す。この図では、部品の設計要求に対して 4 箇所の寸法（A = 10.0、B = 12.5、C = 15.0、D = 5.0）と 2 箇所の幾何拘束（基準 A に対して D は垂直関係、基準 A に対して対辺は平行関係であり同じ寸法）の設計意図が定義され、部品の形状が構成されている。設計者が寸法 A = 10.0 を寸法 A = 14.0 に変更した場合、3 箇所の寸法（B = 12.5、C = 15.0、D = 5.0）と 2 箇所の幾何拘束（基準 A に対して D は垂直関係、基準 A に対して対辺は平行関係であり同じ寸法）は変わらず保たれた状態で、図表 3.17（2）のような形状となる。

　図表 3.18 に「幾何公差指示と要素の要素間連携」を示す。この図では、部品右側の穴に位置度の幾何公差が指示されている。位置度の幾何公差は、3D モデルのデータム座標系 |A|B|C|、データム A、データム B、データム C、データム A に定義されている平面 3、データム B に定義されている平面 1、データム C に定義されている平面 2、穴（形体）の穴 4 の要素間連携により、設計意図がハイライトされる。設計者は位置度の幾何公差指示を要素間連携によって画面上で明確

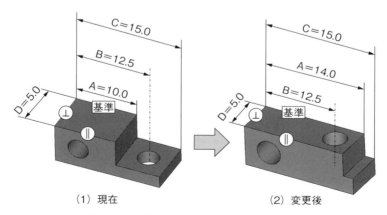

図表 3.17　要素間連携（形状と拘束）の例

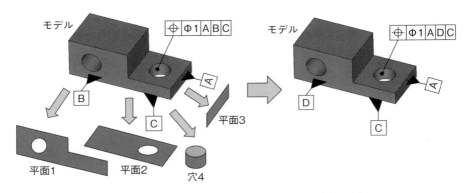

図表 3.18　幾何公差指示と要素の要素間連携の例

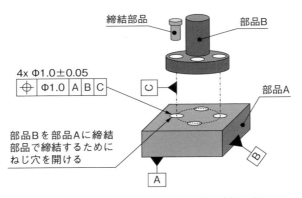

図表 3.19　加工指示と要素の要素間連携の例

に理解できる。データム B をデータム D に変更した場合、要素間連携により、図表 3.18 の右側に示すような位置度の幾何公差指示の B が D に変更される。

図表 3.19 に加工指示と要素の要素間連携を示す。この図では、組立品の設計要求として、部品 A に部品 B を 4 個の締結部品で締結している。部品 A に締結部品でねじ止めするためのねじ穴に、加工指示のセマンティック PMI「部品 B を部品 A に締結部品で締結するためにねじ穴を開ける」が指示されている。また、加工指示のセマンティック PMI は、部品 A、部品 B、締結部品、4 箇所のねじ穴（形体）、ねじ穴の中心に対する位置度公差、3D モデルのデータム座標系 |A|B|C|、データム A、データム B、データム C、ねじ穴の大きさに対するサイズ公差の要素間連携により、設計意図がハイライトされている。これらによって設計者は、加工指示のセマンティック PMI「部品 B を部品 A に締結部品で締結するために

第 3 章　3D データと図面を 3DA モデルへ：設計情報のデジタル化と構造化　　99

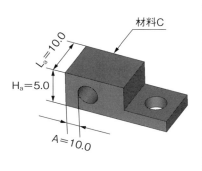

図表 3.20　ドキュメントと要素の要素間連携の例

ねじ穴を開ける」を、要素間連携によって画面上で明確に理解できる。

　図表 3.20 に、ドキュメントと要素の要素間連携を示す。この場合の設計計算書は、CAE や実験によって、材料が破壊しない外周と穴の距離を予め求めたドキュメントである。図の例では、材質 C と外周面の幅 L_a と高さ H_a によって距離が決まっている。図表 3.20 の左側の穴と外周との距離 A＝10.0 は、外周面の幅 La＝10.0 と高さ Ha＝5.0 で、図右の設計計算書を調べると得られる。図表 3.20 の左側の穴と外周との距離 A は、穴、外周面の幅 La、外周面の高さ Ha、設計計算書の材料 C と高さ 5.0 と幅 10.0 と隙間 A＝10.0 の要素間連携により設計意図がハイライトされる。設計者はこれを、外周と穴の距離を要素間連携によって、画面上で明確に理解できる。

3.8　ヒューマンリーダブルとマシンリーダブル：相反する要件の統合

　ヒューマンリーダブル（Human readable）とは、人が、コンピュータの画面上に表示されたデータを、目視で確認して解釈できること。マシンリーダブル（Machine readable）とは、機械やコンピュータが、データを入力として解釈し使用できること。3DA モデルは、2D 図面と同様に設計情報であるため、設計者は最終的に目視によるチェックをしたい。同時に、製品開発を効率化するために、DTPD 作成時に、人手を介さずに 3DA モデルを直接活用したいという要求もある。

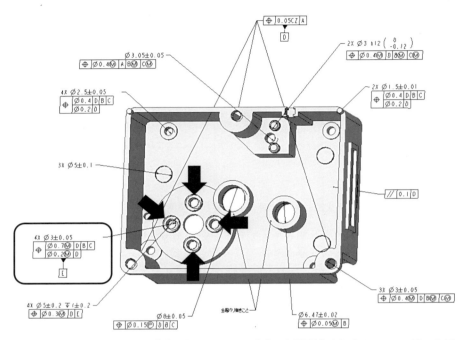

図表 3.21　ヒューマンリーダブルとマシンリーダブルを説明するための 3DA モデルの例

　図表 3.21 の 3DA モデル例で、ヒューマンリーダブルとマシンリーダブルを具体的に説明する。左下の四角で囲まれた幾何公差指示は、モータのネジ止め穴に対する複合位置度公差方式の指示の PMI である。公差記入枠の上段枠の上部に記載されている「4×」は、4 個のモータのネジ止め穴（矢印）に対して同じ指示をすることを意味する。4 個のモータのネジ止め穴に、それぞれ複合位置度公差方式の指示の PMI を書くと、PMI が重なってしまい、人には直接読みにくい 3DA モデルになってしまう。このような表記がヒューマンリーダブルになる。

　ここでこの 3DA モデルを DTPD に取り込み、機械加工 CAM データの作成をする場合を考える。加工者が 3DA モデルを見ながらモータのネジ止め穴の機械加工 CAM データを作成する場合、加工者は「4×」を解釈して、4 個のモータのネジ止め穴に複合位置度公差方式の指示を考慮して、4 個のモータのネジ止め穴の機械加工 CAM データを作成できる。3DA モデルから、人ではなくソフトウェアが 4 個のモータのネジ止め穴の機械加工 CAM データを作成する場合、PMI の引出線が指している穴だけではなく、その他の 3 つの穴もデータとして関連付け

られていなければならない。また、「4×」は単なる注記の文字列ではなく、4つの形体に関連付いていることを示す、専用機能で作られた表記でなければならない。このように、表示されないデータの構成まで含めて正しく成り立っている状態をマシンリーダブルと呼ぶ。

　現実には、3DA モデルは従来の 2D 図面と同様、目視で活用されるケースが多いため、ヒューマンリーダブルは実現されているがマシンリーダブルは実現されていないケースも多い。例えば、上記の例では、PMI に引出線が指している穴のみしか関連付いていない場合や、「4×」を文字列の注記として書き、同じ見た目となるように配置されている場合などである。このようなデータは後工程のソフトウェアで自動的に処理できず、プロセスの分断や不要な情報の再入力を招く原因となっている。

　それでは、ヒューマンリーダブルとマシンリーダブルを両立するために、コンピュータ上で 3DA モデルをどのように表現すればよいのか。これは、セマンティック PMI と要素間連携により、コンピュータ上で設計情報と設計意図を合わせることで表現できる。

　一般的に、人が規格や規則、暗黙の了解、慣習に基づき、図面の指示を想像的に解釈する必要がある場合、設計情報を補足する必要がある。例えば、先に説明した複数形状の表示では、3DA モデルで、それぞれの形状に対して指示事項を付加し、形状簡略化に対して、詳細な形状を追加する必要がある。なお、形状簡略化の取り扱いに関しては、4.6 で詳しく説明する。ここでは、まずは見た目を整えるためにグラフィック PMI を画像で作成することをせず、3 次元 CAD のセマンティック PMI 機能を使う。3 次元 CAD のセマンティック PMI 機能がない場合は、テキストで作成する。その際に、適切なマークアップ言語を使用して、テキストを構造化し、コンピュータが理解しやすい形式に変換する。表題、見出し、段落、図などを表すタグで内容と関係を明確にマークアップする。適切なマークアップ言語の利用に関しては、「4.10」で詳しく説明する。

3.9 ものづくり工程に応じたマルチビュー：設計情報を見やすく表記

[1] ものづくり工程に応じたマルチビュー

3.8で示したように、3DAモデルは、ヒューマンリーダブルである必要がある。3DAモデルで設計情報を生産、製造、計測側に正しくわかりやすく伝えるために、マルチビューを使ってPMIが重ならないように表示する。ビューでは、3Dモデルの表示領域と表示方向を設定すると同時に、表記するPMIを選ぶ。これに関して、検図、DR、生産、製造、計測プロセスの各工程に従って運営ルールに決めておくとよい。

図表3.22に樹脂部品の一例を使ったマルチビューの例を示す。図の第1ビューでは、金型設計工程向けに3Dモデルの表示領域と表示方向を設定し、金型設計に必要なデータム座標系と位置度の幾何公差指示、金型要件のPMIのみを表示する。第2ビューでは、金型加工向けに3Dモデルの表示領域と表示方向を設定し、金型加工での計測に必要なデータム座標系と位置度の幾何公差指示のみを表示する。第3ビューでは、射出成形工程に向けに3Dモデルの表示領域と表示方向を設定し、射出成形に必要な金型要件のPMIのみを表示する。このようにすれば、金型設計者、金型加工者、射出成形加工者は、自分たちに必要な設計情報のみを効率的に知ることができる。

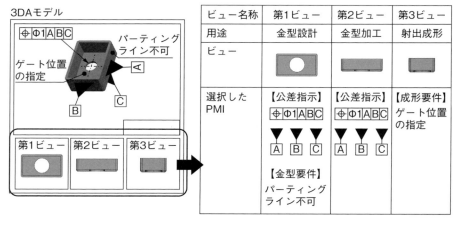

図表 3.22　下流工程に応じたマルチビュー

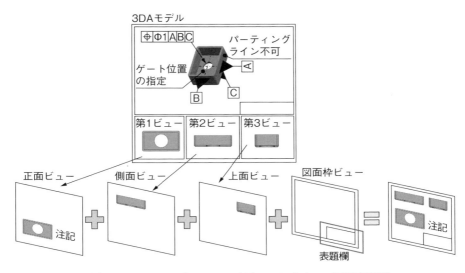

図表 3.23　3DA モデルのマルチビューによる 2D 図面表現例

[2]　3DA モデルの 2D 図面表現

3.1 [1] で示したように、3DA モデルでは、必要に応じて製図をせずに、2D 図面で設計情報を表示する必要がある。これを、**図表 3.23** に示すように、マルチビューを使って実現する。3 次元 CAD によっては、マルチビューに正面ビュー、側面ビュー、上面ビューが予め設定されている。図のように、正面ビュー、側面ビュー、上面ビューで表示すべき PMI を選ぶ。次に図面枠ビューとして、図面枠と表題欄と部品欄と注記のみを書いたビューを用意しておく。そして、4 つのビューを投影して合体し、これを必要に応じて 2D 図面として使用する。

3.10　設計情報の管理システムとリンク：設計情報を効率よく運用するために

　一般的に、情報を活用する上で、特に重要視されているのが情報品質の向上と維持運用を行う情報マネジメント。とくにその担当業務領域内の情報に纏わる全ての活動に責任を負っている情報オーナーを決定することで、情報マネジメントを確実に行うことができる。

　3.3 で説明したように、3DA モデルでは、設計情報を完全に表現できることが

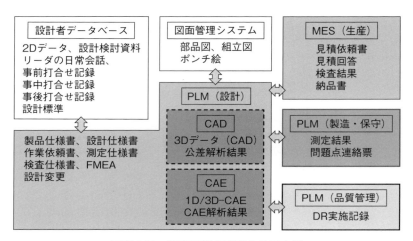

図表 3.24　設計情報の管理システム例

必要であるが、その前に情報オーナーが設計者なのか、それ以外なのか、それを明確にした上で設計情報を書き込むことが重要である。設計者以外が情報オーナーである場合、設計情報が勝手に変更されては、情報マネジメントが維持できない。

図表 3.24 に設計情報の管理システム例を示す。製品開発プロセスでは、図表 3.8 に示した設計成果物単位で、情報オーナーごとに管理システムが異なっている。3D データ、仕様書、設計変更など、製品開発プロセスで共通利用し管理する設計成果物は、PLM（設計）で管理する。さらに 2D 図面は 2D 図面管理システムで管理し、2D データ（仕掛かり中の 2D 図面）、設計標準、打合せ記録などは設計者データベースで管理する。また、見積依頼書、見積回答、検査結果、納品書は生産管理部門が情報オーナーなので MES（製造実行システム：Manufacturing Execution System）で管理、製造測定結果と製造問題点連絡票は製造部門が情報オーナーなので PLM（製造）で管理、保守測定結果と保守問題点連絡票は保守部門が情報オーナーなので PLM（保守）で管理、DR 実施記録は品質管理部門が情報オーナーなので、PLM（品質管理）で管理する。

情報オーナーが異なる設計情報は、同じ設計情報を書き込むのではなく、URL（Uniform Resource Locator）や管理システムの情報認識番号などのリンク情報を書き込み、ヒューマンリーダブルとして設計情報を参照できるようにする。

3.11 3DAモデルの検図：3DAモデルで設計することの旨味

3次元CAD設計（第1章）と3次元設計（第2章）では、3Dデータと2D図面を作成。そして、2D図面正の原則から、2D図面を検図した。3DAモデルでは、3D正の原則から、3DAモデル、すなわち3Dモデルを検図する。

検図とは、[1]設計途中で設計仕様に対して技術的内容を検討し、[2]出図前に寸法や公差・注記などを確認することである。

[1] 設計途中で設計仕様に対して技術的内容を検討

上記の場合、設計者は3DAモデルを利用してチェックを行い、設計品質を上げる。チェックの多くは手動で、設計者スキルによるところが大きいが、チェックの中には、機能要件チェック（部品間干渉・隙間・組立方法など）、製造要件チェック（基本的な金型要件・板金加工要件・機械加工要件など）、属性チェック（設計者名・部品名・部品番号・日付など管理表に使われる属性値の有無など）といった自動チェックもある。この自動チェックを使うことで、設計者の負担を減らすことができる。

ここでは、手動による公差指示チェックを説明する。公差は、幾何公差とサイズ公差の2種類から構成される。幾何公差では、対象物（部品）の形体から考える。図表3.25に示すような穴が開いた直方体の部品例では、線や表面などの外郭

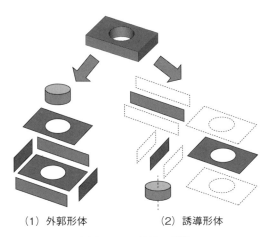

(1) 外郭形体　　　(2) 誘導形体

図表3.25　部品の形体

形体	表記	データム	データムと拘束する自由度						
			イメージ	並進X	並進Y	並進Z	回転X	回転Y	回転Z
平面	A			○	×	×	×	○	○
幅	A			○	×	×	×	○	○
円筒	A ΦX.Y			○	○	×	○	○	×
球	A ΦX.Y	●		○	○	○	×	×	×
円錐台	A x.y			○	○	○	○	○	○
スロット（長溝）	A x.y			×	○	○	○	○	○
パターン	B ⊕ Φx.y A			○	○	×	○	○	○

図表 3.26　形体に対するデータムと拘束する自由度

形体が7個、中心線や中心面などの誘導形体が4個ある。つまり、合計11個の形体に対して幾何公差指示を考える必要がある。

　次に、形体に対するデータムを考える。データムとは、物体を測定し、幾何公差を求めるための幾何学的基準である。**図表 3.26** に示すように、形体に対して、必要なデータムが決められており、例えば、円筒の場合、データムは円筒の中心軸を示すデータム直線になる。形体には、位置と姿勢に関して、データムに対する自由度を拘束する必要がある。3平面データム系の場合、自由度はX軸の並進方向、Y軸の並進方向、Z軸の並進方向、X軸周りの回転方向、Y軸周りの回転方向、Z軸方向周りの回転方向で6自由度になる。例えば、円筒の場合、X軸の並進方向、Y軸の並進方向、X軸周りの回転方向、Y軸周りの回転方向の4自由度に対して拘束する必要がある。

　幾何公差とは、形体に対する拘束条件と考えられ、**図表 3.27** に示すように、幾何公差によって適用できる形体と制御（拘束条件）が決まっている。例えば、位置度は関連形体である。関連形体は、データムに関連して、姿勢や位置、振れの公差を指定する形体で、サイズフィーチャの中心点、軸、中立面を特定する。サイズフィーチャは、面積や長さなどの数値的な大きさを表す属性を持つフィーチ

第3章　3Dデータと図面を3DAモデルへ：設計情報のデジタル化と構造化　　107

種類	記号	名称	適用形体	制御（拘束条件）
形状公差 （形状偏差）	—	真直度	単独形体	● サーフェスの形状（形）を制御し、軸または中立面の形状も制御可能。 ● データム参照は許可されていない。 ● フィーチャ間に関係はない。
	▱	平面度		
	○	真円度		
	⌖	円筒度		
形状公差・ 位置公差 （輪郭度）	⌒	線の輪郭度		● サーフェスの位置を特定する。 ● データム参照に基づいてサーフェスのサイズ、形状、方向も制御可能。
	⌓	面の輪郭度		
姿勢公差	//	平行度	関連形体 （要デー タム形体）	● サイズおよびサイズ以外のフィーチャのサーフェス、軸、または中立面の方向（傾き）を制御する。 ● データム参照が必要。
	⊥	直角度		
	∠	傾斜度		
位置公差 （位置偏差）	⊕	位置度		● サイズフィーチャの中心点、軸、中立面を特定する。 ● 方向も制御する。
	◎	同軸度		● フィーチャの導出された中央点を特定する。
	◎	同心度		
	⚌	対称度		
振れ公差 （振れ偏差）	↗	円周振れ		● サーフェイスの同軸度を制御する。 ● サーフェイスの形状と方向も制御する。
	↗↗	全振れ		

図表 3.27　主要な幾何公差の一覧表

ャである。例えば、サイズフィーチャを円形とした場合、中心軸を特定することになる。3平面データム系の場合、X軸の並進方向、Y軸の並進方向、Z軸の並進方向、X軸周りの回転方向、Y軸周りの回転方向、Z軸方向周りの回転方向の6自由度で中心軸を拘束して、対照する円形も6自由度で拘束することになる。

　図表3.25で示した部品の穴の幾何公差と拘束条件を考えてみる。**図表3.28**に示すように、この場合の穴は円筒と円の形体から構成されている。図表3.25では、穴の円は面（直方体）に含めた表現になっている。円筒は、3平面データム系では、X軸の並進方向、Y軸の並進方向、X軸周りの回転方向、Y軸周りの回転方向の4自由度に対して拘束する必要がある。位置度の幾何公差を指示した場合は、3平面データム系では、X軸の並進方向、Y軸の並進方向、Z軸の並進方向、X軸周りの回転方向、Y軸周りの回転方向、Z軸方向周りの回転方向の6自由度で拘束し、円筒に必要な拘束条件は満たされている。サイズと形状に対する拘束条件は円に対して、サイズ公差（Φ1.0±0.05）と円（Φ1.0）を設定している。これらのことから、穴に対する拘束条件は満たされており、製造や計測が可能になる。

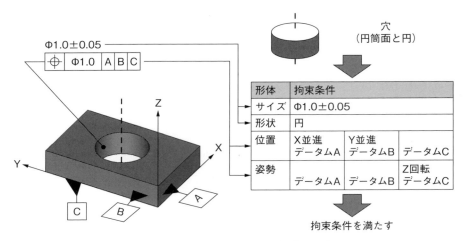

図表 3.28　穴に対する幾何公差指示の例

ここまで、手動による公差指示チェックを説明してきた。公差指示チェックを自動的に行うチェックツールもあり、一部の3次元CADに搭載されている。

[2]　出図前に寸法や公差、注記などを確認

検図者は、出図前に、寸法や公差、注記などの設計情報表記（製図を含む）規定や設計基準が守られているかどうかを確認する。3.7で説明した要素間連携により、3DAモデルでは、設計情報の関連情報や表記内容を画面上で直接目視による確認ができる。ただし、3DAモデルへの設計情報集約で、PMIや属性の重なりで設計情報が見えにくくなることが懸念される。これに対しては、**図表3.29**に示すように、マルチビューにより必要に応じた分離が可能になる。

次に、技術的な問題点の有無、過去機種および同時設計機種での指摘事項の遵守、試作評価時の指摘事項の反映、製造要件および金型要件のリリースレベル、出図データ管理表（出図データの一覧）、自動チェックの実施などを確認する。3DAモデルでは、3Dモデルに関連する補足情報を含めて設計情報が集約されるので、わざわざ設計情報を探す必要がない。

従来は3Dデータとは別に、やり取りされていた設計者から検図者へ進捗報告、設計者から検図者へ補足説明、検図者から設計者へコメントなども、3DAモデルの属性情報かリンク情報として集約できる。設計者と検図者は3DAモデルで全ての設計情報が確認できるので、関連情報収集作業を削減できる。

第3章 3Dデータと図面を3DAモデルへ：設計情報のデジタル化と構造化　109

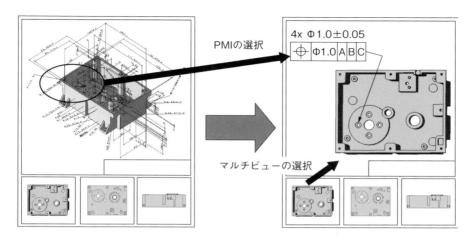

図表 3.29　PMI とマルチビューによるポイントのフォーカス方法

　検証資料や検討図と 2D 図面を比較する作業があるが、これもビューを複数同時表示させることで代替できる。3DA モデルを確認するビューワは、マルチビューに対応し、組立品の 3DA モデルのような大容量データでも、高いレスポンスが得られる機能が必要になり、設計情報が 3DA モデルで一元管理されることで、データ変換での設計情報の欠落は、前にも増して重要な課題となる。さらに、PMI と属性のチェックの中でデータ変換前後の 3DA モデルに設計情報に違いないことを確認する、すなわち同一性検証機能が必要になる。

3.12　3DA モデルの出図：3DA モデルで出図をするために必要なこと

　3DA モデルで出図するには、それがデジタル製品技術文書情報規格（JIS B 0060 シリーズなど）に基づいて表記できる必要がある。また、同規格などで決定していない事項（特に、PMI、属性、マルチビュー）に関しては、設計部門と生産・製造・計測部門とサプライヤーでルールを決めておく必要がある。

　生産・製造・計測部門とサプライヤーが、3DA モデルではなく 2D 図面で出図を要望してきた場合は、3.11［2］で説明したように、3DA モデルのマルチビューまたは 2D ビュー（正面ビュー、側面ビュー、上面ビュー、図面枠ビュー）を合体させた 2D 図面様式で出図する。そのためには、2D 図面様式が、製図規格（JIS

B 0001：2019 機械製図など）に基づいて表記できる必要がある。

3.13　設計手法と運営ルールの強化：全員で3DAモデルを使うために

　3DAモデルでは設計情報をデジタル化して、6つのスキーマで設計情報を体系的に表現する。それにより検討範囲が広がるので、設計情報が3Dデータと2D図面による3次元設計の時より、見掛け上増えることになる。その効率化のために、セマンティックPMIの定義、設計情報の要素間連携、属性の定義、関連ドキュメントとのリンク整備、他システムで管理している設計情報とのリンク整備、用途に応じたマルチビューの設定などを予め決定しておく必要がある。技術的内容と作業的手順は設計手法として、守るべき事項に関しては運営ルールとして、決めておく。

3.14　量産製品「デジタル家電製品」の3DAモデル事例：具現化と効果

　ここで、第2章と同様に、3DAモデルについて、量産製品「デジタル家電製品」事例を使って説明する。2.8の量産製品「デジタル家電製品」の3次元設計事例では、筐体設計の3Dデータを共有して、製品設計と金型設計のコンカレントエンジニアリングと機械設計と電気電子設計の連携、計測のための2D図面簡略化により筐体設計・製造の開発期間短縮が達成できた。しかしながら、2次元設計に比べて、設計出図前の設計工数が掛かった。3DAモデル事例では、設計出図前の設計工数を削減できたかを検証する。

[1]　設計情報分析
　デジタル家電製品の3次元設計における製品開発プロセスおよび設計成果物を**図表 3.30** に示す。先の2.8［2］の製品開発プロセス分析では、製品開発フローチャート、設計作業手順フローチャート、設計情報フローチャートを作成した。
　今回の設計成果物は、製品形状3Dデータ、製品形状2D図面、金型要件を織り込んだ3Dデータ、金型要件を織り込んだ2D図面、仕様書、構成表、依頼書、指

第3章 3Dデータと図面を3DAモデルへ：設計情報のデジタル化と構造化　111

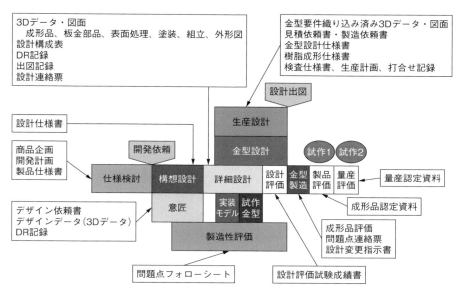

図表 3.30　デジタル家電製品の設計情報分析のプロセスと成果物

示書、記録（議事録）、認定資料、問題点連絡票など、多種多様に渡る。設計成果物の調査結果も3種類に分類。設計成果物に含まれる設計情報を調べ、用語の定義と内容にバラツキがないことと情報オーナー（設計情報を正として取り扱う管理者）を確認した。具体的には、更新、出所、参照、引用、履歴、反映である。

［2］　3DAモデルへデータ置き換え

　3DAモデルの設計情報は図表3.7で示した6つのスキーマで表現される。また、3DAモデルは3.1［2］の補足ドキュメントと設計情報を集約している。

　図表3.31にデジタル家電製品の3DAモデル例を示す。デジタル家電製品の部品および組立品ごとで膨大なデータ群となるが、3DAモデルの6つのスキーマで表現し、設計情報間で要素間連携し、フィルター（例えばマルチビュー）によって設計情報の表示と利用を限定することで、効率的な運用ができる。

　図表3.31の中で両方向矢印が2か所あるが、これは3DAモデルの設計情報を確認・利用し、保存できることを示す。製品設計者と生産設計者の2人が情報オーナーになっており、製品設計（構想設計と詳細設計）では製品設計者が情報オーナーであり、3DAモデルの製品設計終了時に生産設計者に情報オーナーを引

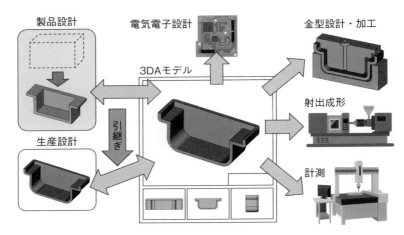

図表 3.31　デジタル家電製品の 3DA モデルの例

き継ぐように役割分担している。

[3]　樹脂部品向けの設計情報セット

　樹脂部品向けの設計情報セットの例を**図表 3.32** に示す。「デジタル家電製品」の 3DA モデルに、樹脂部品（金型設計・加工・射出成形）フィルターを適用して得られる設計情報セットである。

　フィルターとは、3DA モデルから用途に応じた設計情報のみを選別して表示または取り出す機能である。部品形状とデータム座標系の 3D モデル、公差と指示と注記などの PMI、材料と管理情報と設計変更履歴とリリースレベル（金型要件と成形要件を 3DA モデルにどの程度加えているのかを示したレベル）などの属性、用途に応じたマルチビュー、三面図と断面図などの 2D ビュー、DR 記録と製造フィードバック情報など、他システムで管理されているリンク（関連情報）で構成される。

　代表的な設計情報として、ミスマッチ PMI と突き出し不可 PMI を説明する。ミスマッチ PMI を**図表 3.33** で説明する。キャビ・コア両彫りの場合、合わせ部を同一寸法とすると微小な段差が発生し、これをミスマッチと呼ぶ。段差を一方向に制御したい場合には、あらかじめキャビ・コアの寸法を変化させ、段差を設けることで段差が出る方向を管理する場合がある。このように、ミスマッチ設定が必要となる場合は、3D モデルに PMI 指示をする。

第3章 3Dデータと図面を3DAモデルへ：設計情報のデジタル化と構造化　113

設計資料	3Dデータ	2D図面	補足ドキュメント	補足イベント	フィードバック
	金型要件 織り込み済み 3Dデータ	金型要件 織り込み済み 図面	設計変更指示書 金型設計仕様書 樹脂成形仕様書	打合せ 製造依頼（発注）	成形品評価 問題点連絡票

⬇

3D モデル	PMI	属性	マルチビュー	2Dビュー	リンク （関連情報）
製品形状 データム 座標系 形状定義 座標系 部品構成	データム 重要管理寸法 サイズ公差 幾何公差 製造指示 　金型加工要件 　樹脂成形要件 表面処理指示 塗装指示 測定指示 注記	材質 マスプロパティ リリースレベル バージョン 出図管理表 設計変更情報 3Dモデル管理表	アイソメ図 公差指示ビュー 刻印ビュー 製品形状ビュー 製品許容ビュー 成形要件ビュー 二次加工ビュー 表面処理ビュー 塗装ビュー 測定ビュー	三角法の 投影面 断面図	設計仕様書 DR記録 測定結果 金型製造性問題 成形製造性問題 リリースレベル 内容 問題点連絡票 設計変更指示書 生産計画 コスト情報

図表 3.32　樹脂部品向けの設計情報セット例

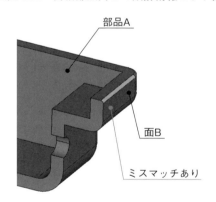

図表 3.33　ミスマッチ PMI

　ミスマッチ PMI はセマンティック PMI であり、**図表 3.34** に示すように、関連する設計情報と要素間連携している。ミスマッチの領域は、部品 A の面 B に指定し、これらは 3D モデルに含まれる。面 B は 3D モデル定義座標系を基準とし、面 B の識別番号は属性に書かれている。これは、金型設計でミスマッチ回避を検討する際に参照するためである。ミスマッチは PMI のテキストに書かれているが、これではヒューマンリーダブルになるので、マシンリーダブルとするために、ミ

	全体	部品 A の面 B	ミスマッチ
3D モデル	形状定義座標系	面 B の位置、方向 面 B の形状	
PMI			
属性		面 B の識別番号	ミスマッチ
マルチビュー	製品形状ビュー 製品許容ビュー 成形要件ビュー		
2D ビュー			
リンク (関連情報)			金型工程連携ガイドライン（ミスマッチ）

図表 3.34　ミスマッチ PMI の要素間連携

スマッチが属性に書かれている。ミスマッチの定義および解説は金型工程連携ガイドライン（ミスマッチ）に書かれており、リンク情報から見ることができる。

　ミスマッチは金型要件および成形要件になる。フィルターとしてマルチビューと 2D ビューに製品形状ビュー、製品許容ビュー、成形要件ビューが定義されており、3次元 CAD の画面上で、ミスマッチ PMI をマウスでクリックした時に、これらの設計情報がハイライトする。

　次に突き出し不可 PMI を説明する前に、「突き出し」を説明する。金型から製品を引き剥がすための機構を設けて、製品を機械的に取り出せるように設定する際、これを「突き出し機構」と呼んでいる。代表的な突き出し方法として、**図表 3.35** に示すような突き出しピンがある。突き出しピンを押して、金型（コア）から部品 A を引き剥がす。この時、部品 A の表面に突き出し跡が残る。部品 A の表面に突き出し跡が残って欲しくない時、突き出し不可を指示する。

　この場合の突き出し不可 PMI を**図表 3.36** に示す。3D モデルで、突き出し不可の領域 C を示す時に使用する。領域 C は、頂点の位置（Xp, Yp, Zp）と幅と高さの長方形とする。

　突き出し不可 PMI はセマンティック PMI であり、**図表 3.37** に示すように、関連する設計情報と要素間連携している。突き出し不可の領域 C は、部品 A の補助形状で示し、頂点の位置（Xp, Yp, Zp）と幅と高さをパラメータで示している。

　領域 C の形状の種類として長方形が、属性に書かれており、指示は突き出し不可であること、突き出し不可は領域 C の内側であることを、属性に書き込んでい

第 3 章　3D データと図面を 3DA モデルへ：設計情報のデジタル化と構造化　　115

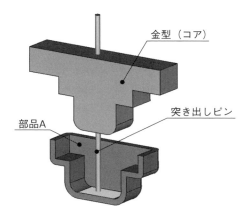

図表 3.35　突き出しピンの例

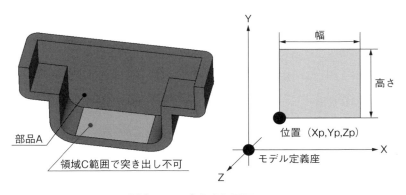

図表 3.36　突き出し不可 PMI

	全体	部品 A の領域 C	範囲	突き出し不可
3D モデル	形状定義座標系	補助形状 幅、高さ 位置		
PMI				
属性		長方形（形状）	内側	突き出し不可
マルチビュー	金型要件ビュー			
2D ビュー	金型要件ビュー			
リンク （関連情報）				金型工程連携ガイドライン （突き出し不可）

図表 3.37　突き出し不可 PMI の要素間連携の例

る。これにより、マシンリーダブルにも対応している。フィルターとしてマルチビューと2Dビューに金型要件ビューが定義されていて、3次元CADの画面上で、突き出し不可PMIをマウスでクリックした時に、これらの設計情報がハイライトする。この突き出し不可の定義および解説は、金型工程連携ガイドライン（突き出し不可）に書かれており、リンク情報から見ることができる。

［4］　金型設計・金型加工・射出成形に向けたマルチビュー

　デジタル家電製品の樹脂部品に3DAモデルを適用した場合のマルチビューを説明する。デジタル家電製品の設計管理では出図規定が定められており、製図規格（JIS B 0001：2019機械製図など）に基づき製図を行っている。その出図規定を参考にマルチビューを設定した。

　主に検図用に三面図を構成する正面ビュー、側面ビュー、上面ビューを設定している。金型設計・加工・射出成形プロセスに応じてマルチビューを設定したいが、金型設計・加工・射出成形は製造委託をしており、委託先のプロセスを知ることは難しい。そこで、利用を想定してPMIの種類を分類したマルチビューを設定した。そのマルチビューでは、刻印ビュー、製品形状ビュー（パーティングラインなど部品形状に関わる金型要件のPMIとビュー）、製品許容ビュー（ゲート不可など、部品形状の許容に関わる金型要件のPMIとビュー）、成形要件ビュー（ウェルド対策など成形要件のPMIとビュー）、二次加工ビュー（インサート成形など成形後の二次加工に関するPMIとビュー）、表面処理ビュー、塗装ビュー、測定ビュー（金型と成形品の測定箇所や方向に関するPMIとビュー）を設定した。

［5］　計測向けの設計情報セット

　計測向けの設計情報セットの例を**図表3.38**に示す。「デジタル家電製品」の3DAモデルに、計測フィルターを適用して得られる設計情報セットの例である。部品形状とデータム座標系と補助形状の3Dモデル、公差と指示と注記などのPMI、材料と管理情報と設計変更履歴とリリースレベル（金型要件と成形要件を3DAモデルにどの程度加えているのかを示したレベル）などの属性、用途に応じたマルチビュー、三面図と断面図などの2Dビュー、DR記録と計測フィードバック情報など他システムで管理されているリンク（関連情報）で構成される。補助形状は、樹脂部品向けの設計情報セットにはないが、計測向けの設計情報セット

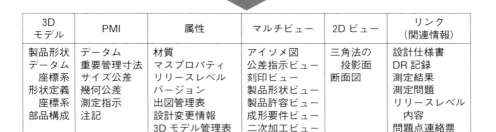

図表 3.38　計測向けの設計情報セットの例

にある。これは測定箇所や固定治具の取り付けに補助形状が使用されることがあるためである。

代表的な設計情報として、ボス（穴）幾何公差 PMI とデータムターゲット PMI を説明する。ボス（穴）の幾何公差 PMI の例を**図表 3.39** に示す。この図では、ボス A（穴 A）の位置に位置度公差を指示し、側面形状にサイズ公差を指示している。同じ位置度公差とサイズ公差の指示はボス B（穴 B）にも適用されるので、「2×」が示されている。

この図はセマンティック PMI であり、**図表 3.40** に示すように、関連する設計情報と要素間連携している。ボス A（穴 A）の中心点は補助形状として 3D モデルに含まれる。側面形状は穴フィーチャとして 3D モデルに含まれる。位置度公差は PMI として表記されると同時に、位置度公差のデータム座標系とデータム軸直線も、3D モデルに含まれる。誘導形体、位置度、公差域といった位置度公差の情報は PMI に表記するだけではなく、属性にも書かれており、マシンリーダブルに対応している。サイズ公差は PMI として表記されると同時に、サイズ公差のデータム座標系とデータム軸直線は 3D モデルにも含まれる。サイズ公差の公差域は PMI に表記だけではなく、属性にも書かれており、マシンリーダブルに対応

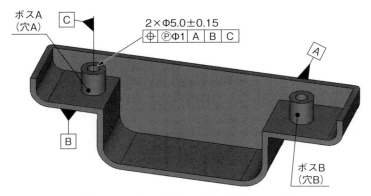

図表 3.39 ボス（穴）の幾何公差 PMI の例

図	全体	ボスA（穴A）位置	ボスA（穴A）側面形状	ボスB（穴B）位置	ボスB（穴B）側面形状
3D モデル	データム座標系 形状定義座標系	補助形状（中心） データム直線	穴フィーチャ データム直線	補助形状（中心）	中心軸 穴フィーチャ
PMI		位置度公差	サイズ公差	位置度公差	サイズ公差
属性		誘導形体 位置度 公差域	サイズ公差 公差域	誘導形体 位置度 公差域	サイズ公差 公差域
マルチビュー	公差指示ビュー 測定ビュー				
2D ビュー	公差指示ビュー 測定ビュー				
リンク（関連情報）		測定規定 測定仕様書	測定規定 測定仕様書	測定規定 測定仕様書	測定規定 測定仕様書

図表 3.40 ボス（穴）幾何公差 PMI の要素間連携

している。同じ位置度公差とサイズ公差の指示はボス B（穴 B）にも適用されるので、「2×」がヒューマンリーダブルとして示されると同時に、データム軸直線、誘導形体、位置度と公差域、サイズ公差と公差域がボス B（穴 B）にも書き込まれる。

　位置度公差とサイズ公差の測定するための測定規定と測定仕様書は、リンク情報から見ることができる。フィルターとしてマルチビューと 2D ビューに公差指示ビューと測定ビューが定義されており、3 次元 CAD の画面上で、ボス（穴）幾

何公差 PMI をマウスでクリックした時に、これらの設計情報がハイライトする。

データターゲット PMI を**図表 3.41** に示す。データターゲットとは、データムを設定するために、加工・計測・検査用の装置・器具などに接触させる対象物上の点、線または限定した領域である。この場合、A1 という名前で、直径 2 mm の円領域をデータターゲットとしている。

データターゲット PMI はセマンティック PMI であり、**図表 3.42** に示すように、関連する設計情報と要素間連携している。データターゲットのデータム座標系は 3D モデルに含まれる。データターゲットの円領域はデータム平面に対して補助形状（円）で半径と中心点で領域を示す。データターゲットはヒュー

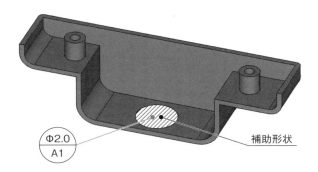

図表 3.41　データターゲット PMI の例

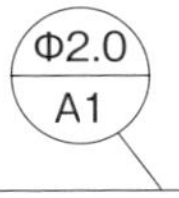

	全体	データターゲット A1
3D モデル	データム座標系 形状定義座標系	補助形状（円） データム平面
PMI		データターゲット
属性		データターゲット 領域（円）
マルチビュー	公差指示ビュー 測定ビュー	
2D ビュー	公差指示ビュー 測定ビュー	
リンク （関連情報）		測定規定 測定仕様書

図表 3.42　データターゲット PMI の要素間連携

マンリーダブルとして PMI に表記すると同時に、データムターゲットと領域（円）であることが属性にも書かれており、マシンリーダブルにも対応している。

データムターゲットを使用する測定規定と測定仕様書はリンク情報から見ることができる。フィルターとしてマルチビューと 2D ビューに公差指示ビューと測定ビューが定義されており、3 次元 CAD の画面上で、データムターゲット PMI をマウスでクリックした時に、これらの設計情報がハイライトする。

［6］ 計測に向けたマルチビュー

3.14［4］で樹脂部品で紹介したのと同様に、デジタル家電製品の計測に 3DA モデルを適用した際のマルチビューを説明する。決められた計測規定を参考に、測定ビュー（金型と成形品の測定箇所や方向に関する PMI とビュー）を設定した。

検図用に三面図を構成する正面ビュー、側面ビュー、上面ビューを設定。刻印ビュー、製品形状ビュー、製品許容ビュー、成形要件ビュー、二次加工ビュー、表面処理ビュー、塗装ビューは、金型設計・金型加工・射出成形に向けたマルチビューと同じマルチビューであり、金型要件に関わる箇所が測定に使われることがあるために用意されている。

［7］ 検図

1.11 の量産製品「デジタル家電製品」の 3 次元 CAD 設計事例の 2D 図面の検図では、部品固定箇所や筐体薄肉部など、数多くの断面図を使用したが、これに対して、3D データで実物大に表示するには、3 次元 CAD 側の新たな操作が必要になる。3 次元 CAD では自由に 3D データの断面を作成できるが、事前に断面図を作成するのは手間になる。そこで、検図者が 3 次元 CAD 操作を習得し、実物大表示、断面作成、隙間測定（距離測定）を自由に使って検図する。検図者は全ての 3D データを見ることができるので、検図時だけでなく製品設計期間全体で進捗に応じて確認ができる。3DA モデルの検図は、3D データの検図に加えて、3D データと 2D 図面とは異なる関連ドキュメントも同じ画面で見ることができる。ただし、3DA モデルのマニュアル整備（特に設計情報の格納場所がわかるようなガイドなど）に加えて、3DA モデルの設計情報が正しく入っているか、最新情報が入っているかが重要になる。

［8］　出図

「デジタル家電製品」の3DAモデルの出図を説明する。3.14［2］の3DAモデルへのデータ置き換えで説明した用途別のフィルターを通した3DAモデルで出図する。2.8［6］の3Dデータと2D図面の出図で示したように、3次元設計時に運用が定まっており、移行は比較的容易である。

出図先（生産・製造・計測部門とサプライヤー）が製品設計と生産設計と同じ3次元CADまたはビューワを持っていない場合、PMIが欠落し、属性が同じ画面で見られないことがあるので、3D–PDFなどの代替えで出図する。

出図先（生産・製造・計測部門とサプライヤー）が、3DAモデルではなく2D図面で出図を要望してきた場合、3DAモデルのマルチビューまたは2Dビュー（正面ビュー、側面ビュー、上面ビュー、図面枠ビュー）を合体させた2D図面様式で出図する。2D図面様式が製図規格（JIS B 0001：2019 機械製図など）に基づいて表記できない箇所に対しては、表記箇所の注釈などの代替えで出図する。

［9］　3次元設計手法と運営ルールの強化

デジタル家電製品の3DAモデルは、デジタル家電製品の製品開発プロセスに関わる設計情報（図表3.30参照）を3DAモデルの6つのスキーマ（図表3.7参照）で表現し、セマンティックPMIの定義、設計情報の要素間連携、属性の定義、関連ドキュメントとのリンク整備、他システムで管理している設計情報とのリンク整備、用途に応じたマルチビューの設定を行い、確定したものである。

ここで運営ルールを強化するために、デジタル家電製品の3DAモデルの定義、3DAモデルに入力する設計情報のデータ種類・単位・内容・情報オーナーを運営ルールに追加した。さらに製品設計と金型設計のコンカレントエンジニアリング、機械設計と電気電子設計の連携と機械設計と計測の連携の工程でどの設計情報をどの単位で入力するのか、そしてどの設計情報を使用するのかを3次元設計手法に追加した。

［10］　効果

デジタル家電製品の3次元設計における3DAモデル適用の効果（工数の変化）を**図表3.43**に示す。3DAモデル適用により、3次元設計の製図がなくなるので、出図が前倒しになる。

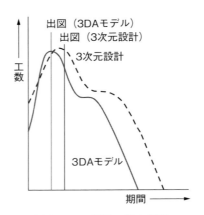

図表 3.43 設計工数の推移

　デジタル家電製品の 3 次元設計（3D データと 2D 図面）の場合の設計工数（図表 2.29 参照）の内訳では、おおよそ、3 次元 CAD 作業が 40 %、エンジニアリング業務（資料調査、規格調査、会議準備、手配作業）が 30 %、調整評価業務が 15 %、打合せが 15 %になっていた。

　これに対して、3DA モデル適用の効果は、3 次元 CAD 作業（5 %減）とエンジニアリング業務（5 %減）に現れた。デジタル家電製品は改良設計機種が多く、従来機種の設計情報を集める手間が削減されるので、開始時の 3 次元 CAD 作業が削減される。設計途中の 3 次元 CAD 作業は、公差・製造・計測指示の工数増加となるが、設計情報の要素間連携により作成が効率化したことで相殺される。また、関連ドキュメントを集める手間がなく、幾何公差のチェックなど事前判定が充実するので、検図工数も削減される。なお、エンジニアリング業務の効果は、設計情報を集約したことで関連資料を探したり、最新状況をわざわざ調べる必要がないなどで効率化したことによる。

　一方で、設計情報分析、6 つのスキーマでの表現手段決定、セマンティック PMI の定義、設計情報の要素間連携、属性の定義、関連ドキュメントとのリンク整備、他システムで管理している設計情報とのリンク整備、用途に応じたマルチビューの設定などの 3DA モデル準備作業が必要になった。当然ながら、3DA モデルによる 3 次元設計手法と運営ルールによる 3 次元 CAD 操作の習得に教育修練期間も必要になった。

3.15　受注製品「社会産業機器」の3DAモデル事例：具現化と効果

　次に2章同様、受注製品「社会産業機器」での3DAモデル導入事例を紹介する。ここからは基本的には「デジタル家電製品」の事例と同様だが、2章と比較して理解してほしい。

　2.9の「社会産業機器」の3次元設計事例では、機械設計の3Dデータを共有して、機械設計と電気電子設計とソフトウェア設計の連携と製造性問題・組立性問題・保守性問題の上流ローディングにより開発期間短縮、品質向上、コスト削減できた。しかしながら、2次元設計に比べて、出図前の設計工数が掛かった。「デジタル家電製品」の事例と同様に、3DAモデルの導入で、設計出図前の設計工数は削減できたかを検証する。

［1］　設計情報分析

　「社会産業機器」の3次元設計における製品開発プロセスおよび設計成果物を**図表3.44**に示す。2.9［2］の製品開発プロセス分析では、製品開発フローチャー

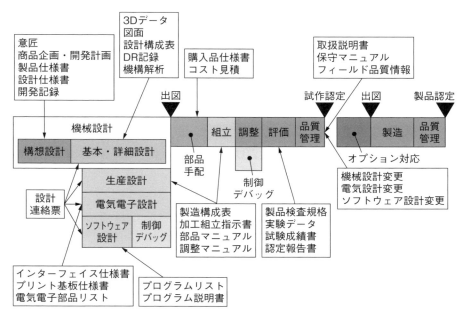

図表 3.44　社会産業機器の設計情報分析のプロセスと成果物

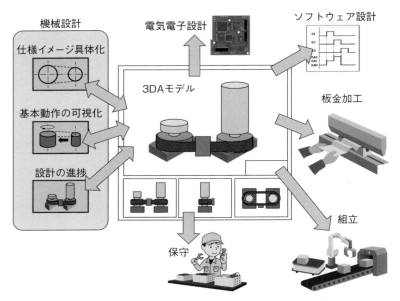

図表 3.45　受注製品「社会産業機器」の 3DA モデル

ト、設計作業手順フローチャート、設計情報フローチャートを作成した。

[2]　3DA モデルへデータ置き換え

　3DA モデルの設計情報は「デジタル家電」の事例と同様に、6つのスキーマで表現し、効率的な運用ができる（**図表 3.45**）。

[3]　電気電子設計とソフトウェア設計向けの設計情報セット

　電気電子設計とソフトウェア設計向けの設計情報セットの例を**図表 3.46**に示す。「社会産業機器」の 3DA モデルに、電気電子設計とソフトウェア設計フィルターを適用して得られる設計情報セットである。

　機械設計と電気電子設計とソフトウェア設計の連携は、2.9［3］に示した。簡単に振り返ると、機械設計で、構想設計で機器全体の動作を決定して、基本設計で機構部品と部品配置を決定して、詳細設計で部品形状（部品図）と機器構造（組立図）を決定する。電気電子設計で、構想設計途中に機器全体の動作から回路設計で制御回路の構成を検討し、詳細設計途中に部品形状と機器構造から基板設計で電気電子部品と基板を決定する。ソフトウェア設計で、構想設計途中に機

第 3 章　3D データと図面を 3DA モデルへ：設計情報のデジタル化と構造化　　125

設計資料	3D データ	2D 図面	CAE	補足ドキュメント	補足イベント	フィードバック
設計仕様書	機器全体の動作 構想図 部品形状 部品位置 機器構造 座標系	構想図 部品図 組立図 機構図 注記	機構解析結果 機構解析モデル	部品名 部品の種類と個数 マスプロパティ 設計連絡票	システム設計会議 DR 単体テスト 総合テスト	電気負荷特性 基板形状 電気電子部品 制御プログラム 単体テスト結果 総合テスト結果 問題点連絡票

3D モデル	PMI	属性	マルチビュー	2D ビュー	リンク（関連情報）
機器全体の動作 構想図 部品形状 機器構造 形状定義座標系 補足形状 機構解析モデル 機構解析結果 基板形状 電気電子部品	データム 機器全体の動作 可動範囲 注記	部品名 部品の種類と個数 マスプロパティ バージョン 機構動作 電気回路負荷 設計変更情報	基本ビュー 部品ビュー 組立ビュー 可動範囲	構想図 三角法の投影面 断面図	設計仕様書 設計連絡票 電気負荷特性 基板形状 電気電子部品 制御プログラム システム設計 　会議録 DR 記録 単体テスト結果 総合テスト結果 問題点連絡票 設計変更指示書

図表 3.46　電気電子設計とソフトウェア設計向けの設計情報セット例

器全体の動作から制御方法を検討して、前倒しとなった基板設計終了後に制御回路から制御プログラムを決定する。

　ここで、機械設計から電気電子設計とソフトウェア設計に受け渡す設計情報を説明する。機器全体の動作は、社会産業機器の基本動作を示す 3D データ上の構想図、構想設計時では機構解析モデルと機構解析結果が加わり、基本設計と詳細設計では 3D データと機構解析結果が加わる。3DA モデルでは、これを 3D モデルと PMI で表現する。そこで、複雑な動きをする制御を考える上で重要な機構部品については、機構解析モデルと機構解析結果と機構図で詳細な動作を説明する。電気特性負荷と電気電子部品と基板の仕様を決定するために必要な機器構造と部品（部品名、種類、個数）は、3D モデルと属性で表現する。

　3DA モデルの設計情報は、3 次元 CAD もしくはビューワで参照できる。じっくり検討するために、電気電子設計とソフトウェア設計から、構想図と機構図と

部品図と組立図を紙媒体で求められる可能性もある。その場合、余分な作業をしないで済むように、構想図向けの基本ビュー、三角法の投影面で表示する部品ビューと組立ビュー、構想図向けの可動範囲といったマルチビューと 2D ビューを用意する。電気電子設計とソフトウェア設計からのフィードバック情報は、3DA モデルのリンク（関連情報）として保存する。詳細は、4.10 の関連情報のやり取り（属性情報の XML 表現と運用）、4.13 [3] の機械設計と電気電子設計とソフトウェア設計の連携、4.13 [7] の生産組立からの問題点フィードバックで説明する。

ここでは代表的な設計情報として、機構部品の可動範囲 PMI と機構解析を説明する。ストッパ機構の可動範囲 PMI の例を**図表 3.47** に示す。ストッパ機構は、ソレノイドを ON から OFF に切り換えると、ソレノイドがストッパを押出し、ストッパが回転して、歯車のカムにストッパが引っ掛かり、歯車が停止する機構である。この動作前と動作後のストッパの位置と動作範囲を PMI で指示する。

ストッパ機構の可動範囲 PMI はセマンティック PMI であり、**図表 3.48** に示すように、関連する設計情報と要素間連携している。ストッパ機構は機構解析と連動しており、可動範囲ビューでストッパ機構にフォーカスして表示し、機構解析結果をアニメーションで再現して動作を目視確認でき、可動範囲を計算できるので、動的に部品干渉判定をすることもできる。

ストッパ機構動作の中心座標と可動範囲を表現した補助形状により、3 次元 CAD や機構解析でシミュレーションにも活用できる。具体的には、ストッパ機構の動作を「ソレノイドを ON から OFF に切り換えると、ソレノイドがストッパを押出し、ストッパが回転して、歯車のカムにストッパが引っ掛かり、歯車が

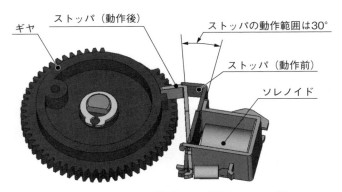

図表 3.47　ストッパ機構の可動範囲 PMI の例

	全体	ストッパ（部品）	動作範囲
3D モデル	形状定義座標系	部品形状（動作前） 部品形状（動作後） 動作の中心座標 機構解析モデル 機構解析結果	補足形状
PMI			機構部品の可動範囲
属性		解説	動作の中心座標 動作範囲（30°）
マルチビュー	可動範囲ビュー		
2D ビュー	可動範囲ビュー		
リンク （関連情報）			設計仕様書（機構動作）

（表上部の注記：ストッパ の 動作範囲は 30°）

図表 3.48 ストッパ機構の可動範囲の要素間連携

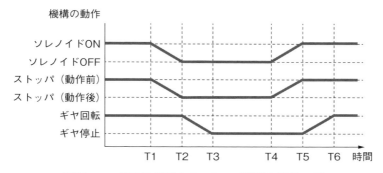

図表 3.49 設計仕様書内のストッパ機構の動作の例

停止する」といった解説をし、ストッパ機構動作の中心座標と可動範囲も属性として連携できるので、設計思想の記述もできる。ストッパ機構の制御を検討する場合、時間ごとの駆動源と部品の動き（例えば、**図表 3.49** に示したようなタイムチャートなど）を収めた設計仕様書を確認することもできる。

ここで、「社会産業機器」の 3DA モデルにおける 3D モデルと機構解析の関係を**図表 3.50** に示す。機構解析とは、複数の物体がジョイントや力要素を介して連成して挙動する機械システムの、動力学理論に基づくシミュレーション技術。3D モデルの部品位置と機器構造から機構解析モデルを作成して、機構解析で時間ごとの部品の変位、速度、加速度を求め、3D モデルの部品を時間ごとに移動

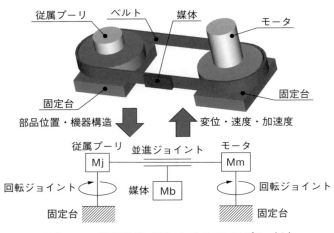

図表 3.50　機構解析（下）とその 3D モデル（上）

して挙動を示し、速度と加速度で運動量と力を示す。

　機構解析のモータは、3D モデルのモータだけでなく、モータ軸と軸受を含めたものであるため、機構解析で取り扱う物体と部品は必ずしも一致しない。なお、機構部品の物体と 3D モデルの部品の関係を 3D モデル内に収めている。機構解析のジョイントや力要素は、部品間の関係（締結や接触）と作用（連動や固定や摺動）になり、3D モデルの機器構造に収めている。

［4］　板金部品向けの設計情報セット

　板金部品向けの設計情報セットを**図表 3.51** に示す。3DA モデルに板金部品フィルターを適用して得られる設計情報セットである。部品形状と形状定義座標系と補助形状などの 3D モデル、公差と指示と注記などの PMI、材料と管理情報と設計変更履歴とリリースレベル（板金加工要件を 3DA モデルにどの程度加えているのかを示したレベル）などの属性、用途に応じたマルチビュー、三面図と断面図などの 2D ビュー、DR 記録と製造フィードバック情報など他システムで管理されているリンク（関連情報）で構成されている。

　2.9［5］の板金 CAD/CAM との連携で説明したように、3D データを自動展開して板金加工 CAM/CAM データを作成するために、2D 図面に書いていた属性情報を 3D データに追加している。また、ネスティングとブランク加工とベンディング加工の加工属性を選び出して、形状に反映させる部分とチェックルールに分

設計資料	3D データ	2D 図面	補足ドキュメント	補足イベント	フィードバック
設計仕様書 板金加工要件	3D データ	2D 図面	設計変更指示書	事前打合せ 設計進捗可視化 出図前 DR	試作品・部品 測定結果 製造問題連絡

3D モデル	PMI	属性	マルチビュー	2D ビュー	リンク（関連情報）
製品形状 データム座標系 形状定義座標系 補足形状	データム 重要管理寸法 サイズ公差 幾何公差 板金加工要件 溶接指示 表面処理 塗装指示 注記	材質 マスプロパティ リリースレベル バージョン 出図管理表 設計変更情報 3D モデル管理表 パーツリスト ビューワデータ名	アイソメ図 板金加工ビュー 溶接ビュー 表面処理ビュー 塗装ビュー 測定ビュー	三角法の投影面 断面図	設計仕様書 DR 記録 測定結果 製造性問題 リリースレベル内容 問題点連絡票 設計変更指示書 コスト情報 板金 CAD/CAM

図表 3.51　板金部品向けの設計情報セットの例

けて 3D データに追加している。さらに、板金 CAD/CAM に 3D データの属性情報を読み取りデータを作り込むプログラムを追加して、3D データを読み込み、自動展開した展開図の板金 CAM データを作成しており、この時に属性を定義し、板金 CAD/CAM との連携の属性を追加している。

ここでさらに、代表的な設計情報として、板金加工要件 PMI のバリ除去とマッチング不可を説明する。板金加工要件 PMI のバリ除去の例を**図表 3.52** に示す。精度を保って他部品と結合するなどの理由で、板金加工後にバリを取り去ることを指示している。

板金加工要件 PMI はセマンティック PMI であり、**図表 3.53** に示すように、関連する設計情報と要素間連携している。バリ除去の領域は部品 A の領域 C で、部品 A の補助形状として面の形状と位置が 3D モデルに含まれる。範囲は領域の内側で、属性に内側と書かれる。

板金加工 PMI がバリ除去を指示していることは PMI のテキストにも書かれているが、これではヒューマンリーダブルになるので、マシンリーダブルとするために、バリ除去であることを、バリ除去として属性に書かれている。フィルター

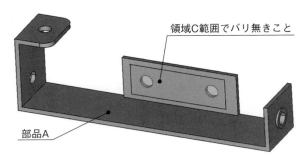

図表 3.52 板金加工 PMI（バリ除去）の例

	全体	部品Aの領域C	範囲	バリ無きこと
3D モデル	形状定義座標系	形状 面の形状 位置		
PMI				
属性			内側	バリ除去
マルチビュー	板金加工ビュー			
2D ビュー	板金加工ビュー			
リンク （関連情報）				

図表 3.53 板金加工 PMI（バリ除去）の要素間連携例

としてマルチビューと 2D ビューに板金加工ビューが定義されている。3 次元 CAD の画面上で、板金加工要件 PMI をマウスでクリックした時に、これらの設計情報がハイライトする（以下同様）。

　板金加工要件 PMI のマッチング不可を**図表 3.54** に示す。マッチングとは、外形形状をアウトカット加工で作る時に、2 つのパンチで交叉して作られる部分のこと。マッチングでは、段差やバリが発生して外観に影響がでるため、製品の機能上問題となる部分には、マッチングを作らないように指示する。図では、部品 A に点 a と点 b を外形形状に設定して、点 a から点 b までの外形形状面でマッチングを発生させないことを指示している。

　板金加工要件 PMI はセマンティック PMI であり、**図表 3.55** に示すように、関連する設計情報と要素間連携している。点 a と点 b は、部品 A の補助形状として位置と方向が 3D モデルに書かれている。マッチング不可の領域は点 a と点 b の

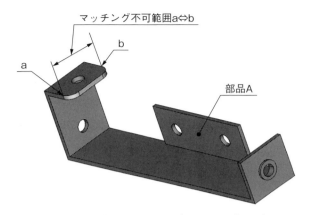

図表 3.54　板金加工 PMI（マッチング不可）

	全体	部品 A	a	b	マッチング不可範囲 a ⇔ b
3D モデル	形状定義座標系	形状	補助形状（点） 位置 方向	補助形状（点） 位置 方向	補助形状 （稜線、面） 位置 方向
PMI					
属性					マッチング不可
マルチビュー	板金加工ビュー				
2D ビュー	板金加工ビュー				
リンク （関連情報）					

図表 3.55　板金加工 PMI（マッチング不可）の要素間連携の例

2点間の面である。点 a と点 b から成る面を作成するために、点 a と点 b を通る稜線と面を形成しており、3D モデルに書かれている。稜線、面、点の基準に形状定義座標系が与えられている。

板金加工 PMI がマッチング不可を指示していることは、PMI のテキストにも書かれているが、これではヒューマンリーダブルになるので、マシンリーダブルとするために、マッチング不可として属性に書かれている。フィルターとしてマルチビューと 2D ビューに板金加工ビューが定義されている。

［5］ 板金加工に向けたマルチビュー

　3DAモデルに適用したマルチビューを説明する。社会産業機器の設計管理では、出図規定が定められており、製図規格（JIS B 0001：2019 機械製図など）に基づき製図を行っているため、出図規定を参考にマルチビューを設定した。主に検図用に、三面図を構成する正面ビュー、側面ビュー、上面ビューを設定。板金加工プロセスに応じてマルチビューを設定している。板金加工ビュー、展開図ビュー、穴あけビュー、バーリングビュー、絞り加工ビュー、曲げ加工ビュー、溶接ビュー、表面処理ビュー、塗装ビュー、測定ビューを設定。板金加工ビューは板金加工要件のPMIと属性を表示するように設定している。それ以外のビューは要件に応じた板金加工要件のPMIと属性を表示するように設定している。

［6］ 組立品向けの設計情報セット

　組立品向けの設計情報セットの例を**図表 3.56**に示す。

　計測指示PMIを**図表 3.57**に示す。組み立てた時に、部品Aと部品Bの中心軸間距離がL以内になっていることを確認することを指示している。

設計資料	3Dデータ	2D図面	補足ドキュメント	補足イベント	フィードバック
			設計変更指示書	事前打合せ 設計進捗可視化 出図前DR	製造問題連絡

3D モデル	PMI	属性	マルチビュー	2Dビュー	リンク （関連情報）
製品形状 データム 座標系 形状定義 座標系 部品構成 補足形状	データム 重要管理寸法 サイズ公差 幾何公差 はめ合い 組立指示 溶接指示 表面処理 塗装指示 注油指示 測定指示 可動範囲 配線配管 注記	材質 マスプロパティ リリースレベル バージョン 出図管理表 設計変更情報 3Dモデル 　管理表 パーツリスト ビューワ 　データ名 治具	アイソメ図 組立ビュー 溶接ビュー 表面処理ビュー 塗装ビュー 注油ビュー 測定ビュー 可動範囲 配線配管ビュー 測定ビュー	三角法の 投影面 断面図	設計仕様書 FMEA DR記録 測定結果 製造性問題 組立性問題 保守性問題 リリースレベル 　内容 問題点連絡票 設計変更指示書 生産計画 コスト情報

図表 3.56　組立品向けの設計情報セットの例

第3章 3Dデータと図面を3DAモデルへ：設計情報のデジタル化と構造化　133

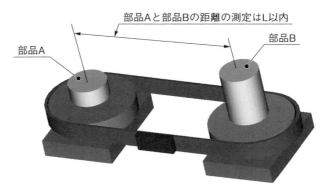

図表3.57　計測指示PMIの例

	全体	部品A	部品B	距離の測定	L以内
3Dモデル	形状定義座標系 データム座標系	形状（中心軸） データム直線	形状（中心軸） データム直線		
PMI		位置度公差	位置度公差		
属性				測定 測定の内容 測定の場所 測定の方向	合格範囲 測定結果 測定日時
マルチビュー	測定ビュー				
2Dビュー	測定ビュー				
リンク （関連情報）				測定規定 測定仕様書	

図表3.58　計測指示PMIの要素間連携の例

　計測指示PMIはセマンティックPMIであり、図表3.58に示すように、関連する設計情報と要素間連携している。計測対象の部品Aと部品Bの中心軸は、3Dモデルのデータム直線であり、実際の形状は3Dモデルの形状に含まれている。部品Aと部品Bの中心軸には位置度公差が指示され、その基準にデータム座標系が与えられている。計測指示PMIが計測を指示していることはPMIのテキストにも書かれているが、これではヒューマンリーダブルになるので、マシンリーダブルとするために、計測PMIであることを、測定として属性に書かれており、測定の内容、測定の場所、測定の方向と測定に必要な最低限の情報が属性に書かれている。それ以上の情報は、別システムで管理されている測定規定と測定仕様書

がリンクされている。合格範囲も属性に書かれている。計測部門で行われた測定結果と測定日時も属性に書き込まれる。フィルターとして、マルチビューと2Dビューに測定ビューが定義されている。

注油指示PMIの例を**図表3.59**に示す。組み立てた時に、部品Cの領域S範囲にグリスを注油することを指示している。

注油指示PMIはセマンティックPMIであり、**図表3.60**に示すように、関連する設計情報と要素間連携している。注油領域は部品Aの領域Sで、部品Aの補助形状（部品形状の構成に直接使われない参考形状）として面の形状と位置が3Dモデルに含まれる。範囲は領域の内側で、属性に内側と書かれる。注油するのはグリスで、種類と品名が属性に書かれている。グリスのカタログがリンクされており、適量や注意事項を調べることができる。注油指示PMIが注油を指示し

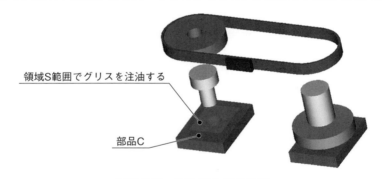

図表3.59　注油指示PMIの例

	全体	部品Aの領域S	範囲	グリス	注油する
3Dモデル	形状定義座標系	形状 面の形状 位置			
PMI					
属性			内側	種類 品名	注油
マルチビュー	注油ビュー				
2Dビュー	注油ビュー				
リンク （関連情報）				カタログ（適量）	

上部見出し：部品Cの領域S　範囲　で　グリス　を　注油する

図表3.60　注油指示PMIの要素間連携

ていることはPMIのテキストにも書かれているが、これではヒューマンリーダブルになるので、マシンリーダブルとするために、注油PMIであることが、注油として属性に書かれている。フィルターとしてマルチビューと2Dビューに注油ビューが定義されている。

組立指示PMIの例を**図表 3.61**に示す。図では、設計者が組立者に組立手順や組立時の注意事項として「部品Aを部品Cに組立」と指示している。

組立指示PMIはセマンティックPMIであり、**図表 3.62**に示すように、関連する設計情報と要素間連携している。組立は部品Aの下軸部分を部品Cの穴に挿入する。組立対象は形状になる。中心軸を一致させることで挿入方向を示すことができる。部品Aの下軸は3Dモデルに含まれており、部品A下部の中心座標と部

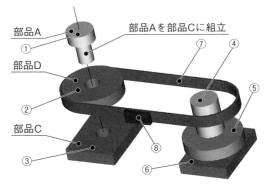

図表 3.61 組立指示 PMI の例

	全体	部品 A	部品 C	組立
3D モデル	形状定義座標系 データム座標系	形状（中心軸） データム直線 部品A下部の中心座標	形状（中心軸） データム直線 部品C底面の中心座標	
PMI		位置度公差	位置度公差	
属性				組立
マルチビュー	組立ビュー			
2D ビュー	組立ビュー			
リンク （関連情報）				

部品A を 部品C に 組立

図表 3.62 組立指示 PMI の要素間連携の例

品 C 底面の中心座標を一致させることで組立位置を示すことができる。部品 A と部品 C の中心軸には位置度公差が指示され、その基準にはデータム座標系が与えられている。部品 A と部品 C の部品名と部品番号は部品欄に書かれている。3D モデルとはバルーンで結び付けられている。組立指示 PMI が組立を指示していることは PMI のテキストにも書かれているが、これではヒューマンリーダブルになるので、マシンリーダブルとするために、組立 PMI であることを、組立として属性に書かれている。フィルターとしてマルチビューと 2D ビューに組立ビューが定義されている。

［7］ 組立品に向けたマルチビュー

　3DA モデルに適用したマルチビューを説明する。主に検図用に三面図を構成する正面ビュー、側面ビュー、上面ビューを設定。生産組立プロセスは原則的に設計管理で定められているが、組立品の 3DA モデルは設計構成になっており、生産組立プロセスに応じた 3DA モデルに組み換える必要がある。また、分解ビュー、溶接ビュー、表面処理ビュー、塗装ビュー、注油ビュー、測定ビューを組立要件の PMI と属性を表示するように設定している。機械設計側で部品組立に関して特に指示が必要な場合には、機械設計側でビューを設定している。

［8］ 機構設計の要素間連携

　ここで、機構設計における設計情報の要素間連携の事例として、減速機の設計仕様書、設計計算書、機構部品設計、機構部品組立品 FMEA の設計パラメータ連携を説明する。設計パラメータは機構設計で共通的に使用する変数で、数値を一度入力すれば再入力せずに利用できる。

　減速機の設計仕様書の例を**図表 3.63** に示す。設計仕様書は電子ドキュメントであり、3 次元 CAD に取り込む。ここでは、設計仕様書の①入力回転数 3,000（r/min）、②入力トルク 1.27（Nm）、③出力回転数 270（r/min）、④出力トルク 13.0（Nm）は設計パラメータとして定義されており、それぞれ数値を入力している。

　減速機の歯車に関する設計計算書の例を**図表 3.64** に示す。設計計算書は計算式と説明文書を加えてヒューマンリーダブルを意識している電子ドキュメントであり、3 次元 CAD に取り込まれている。設計仕様書の設計パラメータが使用されている。

1. 名称：スイッチギヤボックス
2. 機能：ギヤ Assy の回転駆動を制御する
3. 設計要求：
   - モータ（駆動）、ギヤ（伝達）、ギヤ Assy、ソレノイド Assy（回転制御）、およびコイルスプリングの構成部品を、ギヤボックス内に収納する。
   - 駆動は、モータの出力軸に取り付けたギヤからアイドラーギヤを経由てギヤ Assy に伝達する。
   - ギヤ Assy の内の、シャフトと一体になったギヤは、一部歯先を欠いた形状とし、あるタイミングで停止及び駆動を繰り返す。
   - 最大寸法で、140 mm×120 mm×90 mm とする。
   - 性能要件として、①入力回転数 3,000（r/min）、②入力トルク 1.27（Nm） も対して、③出力回転数 270（r/min） 以下、④出力トルク 13.0（Nm） 以上とする。

図表 3.63　設計仕様書の例の例

設計仕様
　入力回転数　$N_1 = 3,000$（r/min）、入力トルク　$T_1 = 1.27$（Nm）
　出力回転数　$N_3 = 270$（r/min） 以下、出力トルク　$T_3 = 13.0$（Nm） 以上

方式は二段式ギヤで減速する。効率 $\eta = 0.98$ とする。アイドラー軸の回転数を N_2、トルクを T_2、一段目の減速比 $I_{12} = 4.3$、二段目の減速比 $I_{23} = 2.6$ とする。

$N_2 = N_1 / I_{12} = 698$（r/min）
$T_2 = T_1 \times I_{12} \times \eta = 5.35$（Nm）
$N_3 = N_2 / I_{23} = 268$（r/min）
$T_3 = T_2 \times I_{23} \times \eta = 13.6$（Nm）

中心間距離は $L_{12} = 25$ mm と $L_{23} = 34$ mm とする。モジュールは $M_{12} = 0.6$ と $M_{23} = 0.8$ とする。ギヤ 1 のピッチ円直径 $D_1 = \varphi 10.2$ mm とすると、ギヤ 2 のピッチ円直径 D_2、ギヤ 1 の歯数 Z_1、ギヤ 2 の歯数 Z_2 は以下の式で求められる。

$D_2 = L_{12} - D_1 = \varphi 43.8$ mm
$Z_1 = D_1 / M_{12} = 17$
$Z_2 = D_2 / M_{12} = 73$

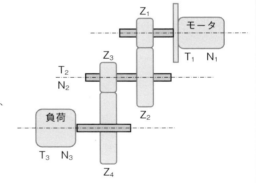

ギヤ 3 のピッチ円直径 $D_3 = \varphi 18.4$ mm とすると、ギヤ 4 のピッチ円直径 D_4、ギヤ 3 の歯数 Z_3、ギヤ 4 の歯数 Z_4 は以下の式で求められる。

$D_4 = L_{23} - D_3 = \varphi 48.0$ mm
$Z_3 = D_3 / M_{23} = 23$
$Z_4 = D_4 / M_{23} = 60$

指定した一段目の減速比 $I_1 = 4.3$、二段目の減速比 $I_2 = 2.6$ が得られる。
　$I_{12} = Z_2 / Z_1 = 4.29$
　$I_{23} = Z_4 / Z_3 = 2.61$

図表 3.64　設計計算書の例

設計計算結果を**図表 3.65**に示す。設計計算書は計算式が埋め込まれ、入力した設計パラメータと設計計算結果が設計者にわかるようにヒューマンリーダブルを意識している電子ドキュメントであり、3次元CADに取り込まれている。設計計算結果の⑤ギヤ1とギヤ2の中心間距離25.0 mm、⑥ギヤ3とギヤ4の中心間距離34.0 mm、⑦ギヤ1のピッチ円直径φ10.2 mm、⑧ギヤ2のピッチ円直径φ43.8 mm、⑨ギヤ3のピッチ円直径φ18.4 mm、⑩ギヤ4のピッチ円直径φ48.0 mmは設計パラメータとして定義されており、それぞれ数値が入力される。

設計計算結果から3次元CADで二段式ギヤ減速機の計画図を作成する。計画図の例を**図表 3.66**に示す。二段式ギヤ減速機の計画図では、予め3次元CADで、⑤ギヤ1とギヤ2の中心間距離、⑥ギヤ3とギヤ4の中心間距離、⑦ギヤ1のピッチ円直径、⑧ギヤ2のピッチ円直径、⑨ギヤ3のピッチ円直径、⑩ギヤ4のピッチ円直径の設計パラメータを用いて作成している。これに図表3.65で示した数値を入力する。設計パラメータ⑪D5は減速機を静止するソレノイドの稼動半径

記号	意味	ギヤ1	ギヤ2	ギヤ3	ギヤ4	設計仕様
Z	歯数	17	73	23	60	
D	ピッチ円直径（mm）	⑦ Φ10.2	⑧ Φ43.8	⑨ Φ18.4	⑩ Φ48.0	
M	モジュール	0.6	0.6	0.8	0.8	JIS準拠
L	中心間距離（mm）	⑤ 25.0		⑥ 34.0		
i	減速比	4.3		2.6		
N	回転数（r/min）	① 3,000	698	698	268	③ 270以下
T	トルク（Nm）	② 1.27	5.35	5.35	13.6	④ 13.0以上
η	効率	0.98				

図表 3.65　設計計算結果の例

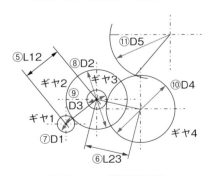

図表 3.66　計画図の例

として設定されている。

　図表 3.66 の計画図から二段式ギヤ減速機のケース部品の 3DA モデルを作成する。**図表 3.67** に二段式ギヤ減速機のケース部品の 3DA モデルの例を示す。⑤ギヤ 1 とギヤ 2 の中心間距離と⑥ギヤ 3 とギヤ 4 の中心間距離を用いて、ギヤ 1 の軸穴、ギヤ 2 とギヤ 3 の軸穴、ギヤ 4 の軸穴を作成。ギヤ 4 の軸穴径は設計パラメータ⑫ d701 として設定されている。設計パラメータ⑫ d701 は⑩ギヤ 4 のピッチ円直径 d4 から計算式で決められている。

　図表 3.68 に示すように、⑩ギヤ 4 のピッチ円直径（D4）を φ60.0 mm から

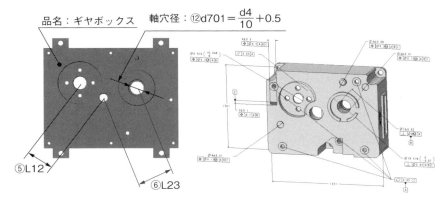

図表 3.67　二段式ギヤ減速機のケース部品の 3DA モデル（右）例

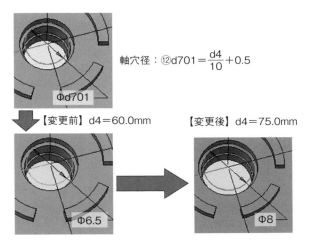

図表 3.68　部品の変更例

$\phi 75.0$ mm に変更すると、計算式により軸穴径⑫ d701 が $\phi 6.5$ mm から $\phi 8.0$ mm に変わり、二段式ギヤ減速機のケース部品の 3DA モデルのギヤ 4 の軸穴も変更される。

図表 3.69 に二段式ギヤ減速機の部品組立の例を示す。計画図（図表 3.66 参照）と 3DA モデル（図表 3.67 参照）は連携しており、計画図の軸穴中心とソレノイド位置の設計パラメータに、モータギヤユニット、アイドラギヤユニット、ギヤユニット、ソレノイドユニットの部品を配置すると、二段式ギヤ減速機が組み立てられる。

図表 3.70 に示すように、⑤ギヤ 1 とギヤ 2 の中心間距離を 25.0 mm から 27.0 に

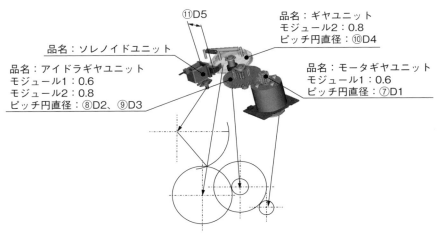

図表 3.69　部品組立の例

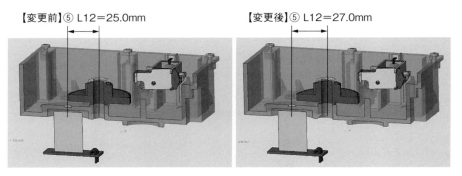

図表 3.70　部品組立の変更例

分類	項目	内容
構成部材	システム	スイッチギヤボックス
	サブシステム	アイドラギヤユニット
	部品	アイドラギヤ（_x2_30ae30e4ff13_x0__1.prt）
システムへの影響評価	故障モード	破損
	推定原因	過負荷による衝撃と疲労
	サブシステムへの影響	伝達トルクが不足する
	システムへの影響	破損部が飛散し、他の機構部品を破損する
評価	発生頻度	1：ごくまれに発生
	厳しさ	5：機能不能
	検知難易	5：検出不能
	検知要素	モータの回転数、出力トルク変動、異常振動
	危険優先	25：発生頻度×厳しさ×検知難易

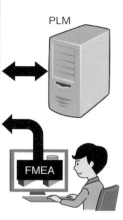

図表 3.71 FMEA の例

変更すると、計算式によりギヤ2とギヤ3の軸穴中心とアイドラギヤユニットの位置も変更される。

このように機構設計では様々な技術ドキュメントを参照する。**図表 3.71** に3次元 CAD で FMEA（Failure Mode and Effects Analysis：故障モード影響解析）を行う際の参照を示す。FMEA は減速機の機構設計者のみではなく、社会産業機器の設計者たちが共用するので、3次元 CAD ではなく PLM で管理する。減速機の機構設計者が参照する FMEA を間違わないように、減速機の 3DA モデルの URL やドキュメントファイルのリンクで FMEA を特定することができる。

[9] 検図

検図者は、検図時だけでなく日頃から 3D データと 2D 図面を見ている。部品干渉、機能を発揮する箇所、部品可動範囲、部品固定、製図表記、他部門と取り合いになる箇所（配線配管など）を中心に、全ての 3D データを見ることができる。また、3次元 CAD のチェック機能を活用して、検図の効率化を図るため、部品間干渉判定結果、隙間の距離計算結果、設計要件チェック結果を 3D データに保存して参照できる。3D データの検図に加えて、マルチビューと PMI の活用も強化している。

- 設計者が詳細に説明したい箇所や検図者が指摘した箇所はマルチビューに保存して、閲覧と記録をしている。
- 設計者が補足説明したい、あるいは検図者が指摘内容を説明したい場合、検図用としてPMIを追加する。

[10] 出図

3DAモデルの出図も説明する。3.15［2］の3DAモデルへデータ置き換え説明した用途別のフィルターを通した3DAモデルで出図する。ただし、社会産業機器では、3次元設計適用時と同じように、3Dデータと2D図面に加えて3D–PDFで出図をしている。理由は以下の2点である。

- 出図先（生産・製造・計測部門とサプライヤー）が製品設計と生産設計と同じ3次元CADまたはビューワを持っていない場合、PMIが欠落し、属性が同じ画面で見られないことがあるので、3D–PDFを追加して出図する。
- 出図先（生産・製造・計測部門とサプライヤー）が、3DAモデルではなく2D図面で出図を要望してきた場合、3DAモデルのマルチビューまたは2Dビュー（正面ビュー、側面ビュー、上面ビュー、図面枠ビュー）を合体させた2D図面様式で出図する。2D図面様式が製図規格（JIS B 0001：2019 機械製図など）に基づいて表記できない箇所に対して表記箇所の注釈などの代替えで出図する。

[11] 3次元設計手法と運営ルールの強化

「デジタル家電製品」の事例と同様に、3DAモデルの定義、また、3DAモデルに入力する設計情報のデータ種類、単位、内容、情報オーナーを運営ルールに追加した。また、3DAモデルに、機械設計と電気電子設計とソフトウェア設計の連携、機械設計と生産組立（デジタルマニュファクチャリング）の連携、機械設計と製造（板金加工）の連携の工程で、どの設計情報を入力するのか、どの設計情報を使用するのかを追加した。3DAモデルの検図と出図は、従来の3Dデータと2D図面とでは異なる点が多く、3次元設計手法（検図と出図）を改定した。

[12] 効果の検証

受注製品「社会産業機器」の3次元設計における3DAモデル適用の効果（工数の変化）を**図表 3.72** に示す。3DAモデルの適用により、出図先でのPMI欠落

第3章 3Dデータと図面を3DAモデルへ：設計情報のデジタル化と構造化

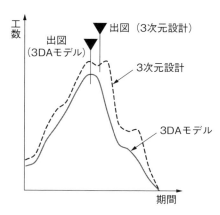

図表 3.72　設計工数の推移

に対する 3D-PDF 作成と、2D 図面様式が製図規格（JIS B 0001：2019 機械製図など）に基づいて表記できない箇所に対して、表記箇所の注釈の代替えが発生するものの、3次元設計の製図枚数が減るので、出図が前倒しになる。

　3次元設計（第2章）での設計工数（図表 2.40 参照）は、3次元 CAD 作業、エンジニアリング業務（資料調査、規格調査、会議準備、手配作業）、試作実験、調整評価、打合せの構成になっていた。これに対して、3DA モデル適用の効果は3次元 CAD 作業とエンジニアリング業務に現れた。

　社会産業機器の標準機種の設計情報は 3DA モデルに集約されているが、社会産業機器はインデント製品であり、顧客仕様に応じたオプション対応やマイナーチェンジが必要で、それらの設計情報を集める必要があり、開始時の3次元 CAD 作業の工数削減は少なかった。

　設計途中の3次元 CAD 作業の削減は、公差・部品製造・生産組立・計測指示の工数増加となるが、設計情報の要素間連携で作成を効率化した工数削減が上回った。関連ドキュメントを集める手間がなく、幾何公差のチェックなど事前判定が充実するので、検図工数も削減された。なお、エンジニアリング業務の効率化は設計情報を集約したことで関連資料を探す、最新状況をわざわざ調べることが必要ない、などによる。

　3DA モデルを構築する時や、設計を終え次機種設計に備えて 3DA モデル内の設計情報を整理分析する時には、設計知識や製品知識の形式知化が促進される。そのため、設計者のスキル向上にも有効であった。

一方で、社会産業機器の設計情報分析、6つのスキーマでの表現手段決定、セマンティックPMIの定義、設計情報の要素間連携、属性の定義、関連ドキュメントとのリンク整備、他システムで管理している設計情報とのリンク整備、用途に応じたマルチビューの設定などの3DAモデル準備作業が必要になった。また、3DAモデル準備作業が、部品の他に組立品に対しても必要になった。さらに、3DAモデルによる3次元設計手法と運営ルールによる3次元CAD操作の習得に教育修練期間も必要になった。

〈コラム2　部品構成は、BOM（部品構成表）が先か、CADアセンブリが先か〉

　3次元CADは、2次元CADと比べて、グループ設計に適しているが、その、部品構成を考える際、BOM（部品構成表）とCADアセンブリのどちらを先に作成するかが議論になる。

　製品や産業界によって異なるが、一般的なアプローチでは、BOM（部品構成表）から始める場合は、製品の構成要素をリストアップし、それぞれの部品やアセンブリを識別する。BOM（部品構成表）には部品の番号、名称、数量、材料、仕様などが含まれる。この方法は、部品の調達や在庫管理、コスト評価などを重視する場合に適しており、既存の部品を再利用する場合にも有用である。

　CADアセンブリから始める場合は、3Dデータを構築し、部品やサブアセンブリを組み立てる。このプロセスで部品の位置関係や組み立て手順が明確になる。この方法は、設計段階での視覚的な確認や衝突検出、シミュレーションなどを重視する場合に適している。

　JEITA三次元CAD情報標準化専門委員会の調査では、BOM（部品構成表）から始める製品が多かった。電機精密製品は、シリーズ製品（基本性能は同じだが、部品変更や追加により性能や機能が異なる製品）や仕向け（使用地域に応じて電源仕様や素材を変更する）が多く、その都度で部品構成を作成するのは手間が掛かり、部品の入れ替えや属性の変更が必要になる。また、CADアセンブリより、BOM（部品構成表）の方が編集しやすい。最近では、先に要件定義から製品アーキテクチャーを考えて、固定部（標準）と変動部（オプション）を分離して、シリーズ製品や仕向けに応じて変動部（オプション）を変更する製品が増えてきた。この場合、製品アーキテクチャーから、BOM（部品構成表）とCADアセンブリを作成して、相互に影響しあうため、両方を同時に進める。

第4章
3DAモデルからDTPDを作成し現場活用する：設計情報とものづくり情報の連携

4.1　設計と製造の連携の経緯：目指す姿と課題は何か

　第3章で述べた通り、3DAモデルによって分散した設計情報を一元化することで作業効率を高め、要素間の連携を通じて設計品質を向上させることが可能となる。それでは、生産、製造、計測の現場で、3DAモデルをどのような形で、どのように活用すれば、製品開発の課題解決に貢献できるだろうか。

　第2章「3次元設計」では、3Dデータを設計以外の生産、製造、計測で活用したことで、製品開発の課題解決に貢献できたことを紹介した。そこでは、設計情報を正しく効率的に生産、製造、計測に伝えることが重要であった。

　以下、「3Dデータ」による現場活用について、これまでの設計と生産、製造、計測の連携の経緯を振り返り、その目指す姿と課題を考えてみる。

［1］　製品設計と生産・製造のコンカレントエンジニアリング

　「3次元CAD」導入効果で大きかったのは、3Dデータにより設計イメージを可視化して、設計と製造の情報共有を促進できたこと。**図表4.1**に示すように、2D図面の理解には図解力が必要になるが、3Dデータならば一目瞭然である。1.1（1）の「曲面形状の把握がしやすい」で説明したように、複雑な自由曲面を持つ樹脂部品の2D図面では数多くの断面図を作成するが、3Dデータを使えば曲面形状が誰にでもわかるように表示できる。

　設計と製造で情報共有ができるということは、製品設計と金型設計のコンカレントエンジニアリングにも利用できるということ。自由曲面が多い筐体は、2D図面では表しにくいが、3Dデータならば比較的容易に表現できる。製品設計において、筐体の3Dデータを金型設計・加工で利用するためには、金型要件・公差・形状省略などの話し合いが必要になる。そのため、**図表4.2**に示すように、設

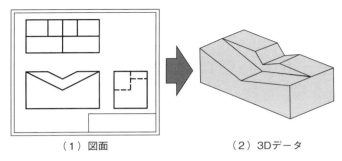

(1) 図面　　　　　　　　(2) 3Dデータ

図表 4.1　3D データによる設計イメージの可視化

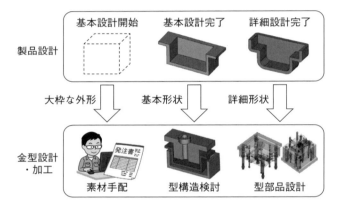

図表 4.2　製品設計と金型設計のコンカレントエンジニアリングの考え方

計情報が金型設計や加工でどう使えるかを考えて、製品設計と金型設計のコンカレントエンジニアリングを実現する。

　同様に、機械設計と機械加工（主に、切削加工）でも、コンカレントエンジニアリングが実現できる。板金部品や樹脂部品は一般的に、部品の最終形状から加工方法（工程）を考えるが、機械加工では素材から加工方法（工程）を考えて、部品の最終形状に至る。素材の形状は、部品の最終形状から機械加工の削り代を考慮して決定していくので、機械設計と機械加工の工程連携が難しくなる。そこで**図表 4.3**に示すように、機械加工の専門家が最適な機械加工工程を作り、それをもとに切削加工 CAM で部品の 3D データから中間公差を考慮した製造 3D データを作成して、製品設計途中の 3D データの作成履歴を加えていく。具体的には、1.10（2）で紹介したユーザー定義フィーチャを利用する。ユーザー定義フィーチ

第4章 3DAモデルからDTPDを作成し現場活用する：設計情報とものづくり情報の連携　147

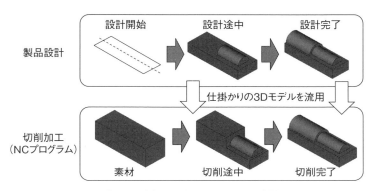

図表 4.3　製品設計と切削加工の連携

ャには加工属性が含まれており、切削加工 CAM で NC データを作成できる。

このようにして、機械設計と機械加工（切削加工）でもコンカレントエンジニアリングが可能となる。ただし、切削加工 CAM の作業では、最終決定の 3DA モデルの設計情報だけでなく、製品設計仕掛かりの設計情報（形状作成履歴やフィーチャなど）も必要となる。

生産組立で設計情報を効率的に伝達・活用する事例として、電子組立図がある。**図表 4.4** に電子組立図のイメージを示す。従来は、部品図、組立図、設計構成（設計 BOM）、製造構成（製造 BOM）、組立手順方法が別々に管理されており、これらを取り寄せ、互いに参照しながら、製造現場で使う組立図を作成していた。これでは情報の再入力と最新情報確認といった手間が発生する。そのため、組立品の部品形状、設計構成（設計 BOM）、生産管理の製造構成（製造 BOM）、組立手順、生産製造への指示事項をデジタル化し、情報の関係性（情報の親子関係や作成日時など）を明確にするため、これらの情報を合成して電子組立図を作成する。電子組立図では、製造・組立・検査の工程別に、表示される部品形状、製造構成、組立手順、生産製造への指示事項を分類し、色や文字の大きさを変えて、わかりやすく設計情報を伝達する。製造現場では大型液晶テレビなどが設置され、下流工程の担当者がボタンやペダルの操作でシーンを進めて、自分が担当する工程の画面を表示する。担当者は必要な情報のみを見るので作業に集中できる。さらに、製造現場で不具合が発生した場合は、その箇所のイメージ図をスナップショットで撮影して、設計者にコメントを付けてフィードバックすることもできる。

設計と製造の情報共有の次なるチャレンジが、設計構成（設計 BOM）から製

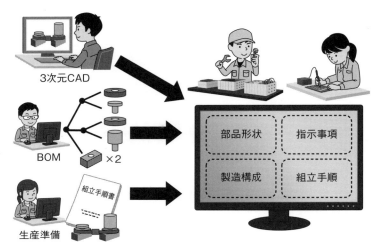

図表 4.4　電子組立図（設計情報の効率的な伝達）のイメージ

造構成（製造 BOM）への変換である。生産・製造においては、必要となる部品の構成と数量が全て網羅されていなければならず、この構成を製造構成（製造 BOM）と呼ぶ。設計構成（設計 BOM）は、設計者が顧客の求める機能を製品に反映させるため、機能としての分類が階層構造になっているのが通常である。製造構成（製造 BOM）は、生産組立部門が組み立てを行う場合に使用するもので、生産に必要になる部品総数などを正確に把握するために、組み立てに使用されるユニット単位に構成される。どの工程を流して、組み立てるかを決めた上で、組立ラインに載せることになり、構成機能中心の階層構造と、実際に生産する親子構成が全く違ってくるのが一般的である。生産・組立部門が、設計開発部門からの組立指示と禁止事項、物理的な生産組立が可能な順番、納品の順番や時期、組立機械と生産ライン設備を考えて、デジタルマニュファクチャリングツールで、設計構成（設計 BOM）から製造構成（製造 BOM）へ変更する。これは専門知識と経験スキルが必要な複雑な作業である。そこで、**図表 4.5** に示すように、3D データを使って、設計と製造で予め部品の製造方法や組立品の生産方法を考え、これを BOP（製造工程表：Bill of Process）として 3D データに持たせる。さらに設計構成（設計 BOM）の 3D データの BOP を、基準に並べ替えて製造構成（製造 BOM）を作る。

　ここまでの振り返りで示したように、デジタル化した設計情報、すなわち、3D

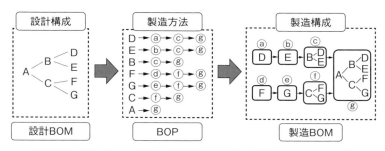

図表 4.5　3D データを使った設計 BOM から製造 BOM への変換

データをそのまま活用することが重要であり、アナログデータである 2D 図面を介した設計情報の伝達では、デジタル化の利点を活かせない。

次に、設計情報を正しく効率的に生産、製造、計測に伝える部分での活用を紹介する。

［2］　2D 図面による設計情報伝達の難しさ

現在では、2D 図面を使って設計情報を伝達することが多い。2D 図面は、製図規格（JIS B0001：2019 機械製図など）に基づいて正しい設計情報を表記できるが、2D 図面から設計情報を読み解くには、その製図規格などの専門知識が必要になる。人によっては、公差指示や加工要件の不足を発見できず、正しく設計情報が伝わらない可能性がある。

例えば、**図表 4.6** に示した板状部品で、左上の穴の位置度測定を考えると、データム A（下部穴の円筒面）とデータム B（部品底面）を基準面と読み取れるが、3 平面データム座標系に対して、データムが不足するので、位置度の測定ができない。

そこで、**図表 4.7** で示すように、右上の穴の円筒面をデータム C として追加すれば、3 平面データム系により基準を設定して位置度の測定ができる。正面図だけ見ていると、データム A とデータム B の設定で十分に見え、データムが不足していると気づきにくい。正面図と側面図を両方見て、相互に幾何公差指示に関する設計情報を確認しなければならない。

また、2D 図面は、自由曲面の表記限界や形状省略などについては、正確に形状を表現できず、そのまま利用できない。自由曲面を含んだ筐体部品を 2D 図面で表現する場合、3 方向で数多くの断面図を作成するのだが、筐体部品の断面形

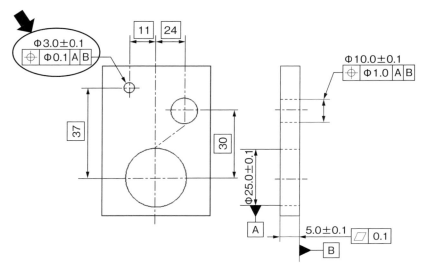

図表 4.6　幾何公差指示不足の図面の例

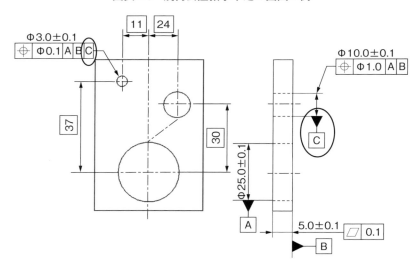

図表 4.7　幾何公差指示修正後の図面

状は正確に表現できても、断面と断面の間の曲面形状は表現できない。

　この 2D 図面による設計情報の伝達を徹底的に追究すると、2D 図面を直接デジタル化することも考えられる。3D モデルと 2D 図面による機械加工精度について比較した例として、NIST（アメリカ国立標準技術研究所）の Digital Thread の

機械加工試験で、OCR（光学文字認識；Optical character recognition）を利用した事例がある。蓋付の金属筐体の設計情報を2種類の方法で表現したもので、1つはPMI（製品製造情報）を中心とした3DAモデル、もう1つは2D図面（寸法や注釈はセマンティックではなくグラフィック情報）である。3DAモデルはPMIを利用してCAMデータを作成した。2D図面では、グラフィック表記の幾何公差指示をスキャナーで読み込み、OCRを用いてデジタル情報に変換して、CAMデータを作成した。結果、本来は貫通穴ではなかった穴が3DAモデルでは設計通りであったのに対して、2D図面では貫通穴になっていた。溝加工の半径が3DAモデルに比べて2D図面の方が小さくなりボルト締結ができなくなった。これは、2D図面のグラフィック表記の幾何公差指示では空白2文字が読み取りエラーになり、設計情報を読み間違えたためであった。

　上記はあくまで1例ではあるが、設計情報を正しく効率的に生産、製造、計測に伝えるという点でも、デジタル化した設計情報、すなわち、3DAモデルをそのまま伝達することが重要なのである。

4.2　DTPDの定義：DTPDとは

　DTPDとは、**図表4.8**に示すように、3DAモデルを中核として、製品製造に関連する各工程、例えば、解析、試験、製造、品質、サービス、保守等に関する情

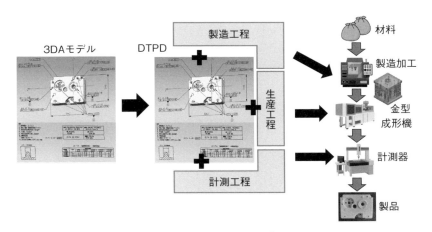

図表4.8　DTPDの定義

報（ものづくり情報と呼ぶ）が連携した、製品製造のためのデジタルデータである（JIS B 0060-2）。DTPD により、3DA モデルと各工程で必要なデータが有機的に結合して、製品開発プロセスの分断なく 3DA モデルを各工程で直接利活用できる。

3DA モデルでは、全ての設計情報をデジタル化する。設計情報から直接にものづくり情報を作成するため、ものづくり情報もデジタルデータとして定義しておく必要がある。

DTPD では、ものづくり情報を表現するだけでなく、設計情報とものづくり情報、ものづくり情報とものづくり情報の関係を、常に正しく保つ必要があるため、そのために要素間連携する必要がある。ただし、用途により情報オーナーが異なることもあるため、ものづくり情報が要素間連携を満たしていれば、必ずしも一元管理を求めるものではない。

4.3　DTPD の要件：DTPD は何ができるのか

ここで DTPD の 4 つの要件を説明する。
- **3DA モデルから DTPD が生成できる**

生産工程・製造工程・計測工程の専門家が、3DA モデルを利用して工程特有の属性を付加して、専門知識・過去経験・思考検討から DTPD を作成する。工程の専門家は、工程特有の DTPD ツール（CAD、CAM、CAT、CAE、デジタルマニュファクチャリングツール、PCB-CAD/CAE など）を利用する。
- **DTPD で工程の作業が行える**

3DA モデルを含んだ DTPD は、対象の生産工程・製造工程・計測工程で使用され、最終成果物を作成する。
- **3D 正で運用できる**

3DA モデルと DTPD の運用は、従来の 2D 図面と 3D モデルの運用から 3D データのみの運用に切り換える大きなパラダイムシフトである。2D 図面と 3D モデルの運用では、2D 図面正であるために、製品開発プロセスの運用を 3D 正に切り換えなければならない。
- **3DA モデルと DTPD で流通できる**

3DA モデルと DTPD および運用は、個社単独だけで通用するものではなく、

産業界を越えたグローバル規模で通用するものでなければならない。

4.4 DTPDのスキーマ：DTPDの作り方の原則

コンピュータ上でDTPDを表現するには、DTPDのスキーマを定義する必要がある。スキーマとは、データベースやデータ群の構造を示す階層の名称のことで、DTPDではものづくり情報を対象とする。また、電気電子設計、ソフトウェア設計、CAEなどで取り扱う情報も、ものづくり情報に加える。

ここで、電機精密製品産業界で使われる代表的なものづくり情報の調査を紹介する。図表4.9に、樹脂部品3DAモデルの設計情報と、金型加工・樹脂成形DTPDのものづくり情報の連携を示す。

この図では、まず、金型メーカーで、樹脂部品3DAモデルを金型製作用製品モデル（PM1）として受け取り、金型製作用製品モデル（PM1）に含まれている金型要件をビューワまたは金型CADで確認し、金型要件の概略案を注釈や属性などの表現手段で指示した金型要件検討中モデル（PM2）を作成する。金型要件

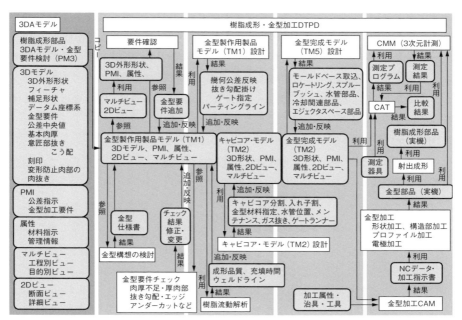

図表4.9　金型加工・樹脂成形での3DAモデルとDTPDの連携

検討中モデル（PM2）を使って、金型メーカーからの指摘事項を製品メーカーで樹脂部品 3DA モデルに織り込む。その際、金型要件定義モデル（PM3）として、金型メーカーに出図する。なお、樹脂部品 3DA モデル、金型製作用製品モデル（PM1）、金型要件検討中モデル（PM2）、金型要件定義モデル（PM3）の情報オーナーは、製品設計部門である。

　一方、金型メーカーでは、不足する金型要件を追加して金型製作用製品モデル（TM1）を作成する。金型構想に基づき、キャビとコアに分割して、成形品に現れない金型要件を作り込み、キャビ・コアモデル（TM2）を作成し、金型構造を作り込み、金型完成モデル（TM3）を作成する。次に、金型 CAM で加工要件を織り込み金型加工 CAM データを作成し、機械加工機（旋盤・マシニングセンタなど）に送り、金属素材を加工して金型を加工する。そして、金型を組み立て、射出成形機に金型をセットして、樹脂を流して樹脂部品を製造。測定機で樹脂部品を測定して、設計指定事項に対して合否判定を行う。

　金型加工・樹脂成形 DTPD に含まれるデータは、樹脂部品 3DA モデルのデータから、それらの直接利用・参照、不足情報の追加・補足、データ処理（シミュレーション・二元表からデータ算出など）結果の追加・反映などにより作られる。過去の金型加工・樹脂成形 DTPD データから新たな金型加工・樹脂成形 DTPDデータを作るケースもある。これらのデータは計算式などによって一義的に決まるとは限らず、金型加工・樹脂成形の専門知識や経験から決まるものもある。なお、金型製作用製品モデル（TM1）、キャビ・コアモデル（TM2）、金型完成モデル（TM3）の情報オーナーは、金型メーカーである。

　図表 4.10 に、板金部品 3DA モデルの設計情報と板金加工 DTPD のものづくり情報の連携を示す。簡単に説明すると、板金部品 3DA モデルに含まれている加工要件をビューワで確認し、板金 CAD/CAM で加工要件を織り込んで板金加工CAM データを作成し、板金加工機（レーザー加工機・曲げ加工機など）で板金加工 CAM データに基づき金属素材を加工して板金部品を作成し、測定機で板金部品を測定して、設計指定事項に対して合否判定を行う。

　板金加工 DTPD（情報オーナーは生産製造部門）では、板金部品 3DA モデル（情報オーナーは製品設計部門）と情報オーナーが異なるので、板金部品の 3DAモデルから完全コピーをした板金加工検討モデルを使用する。板金部品 DTPDに含まれるデータは、板金部品 3DA モデルのデータから、その直接的な利用・

第4章 3DAモデルからDTPDを作成し現場活用する:設計情報とものづくり情報の連携　155

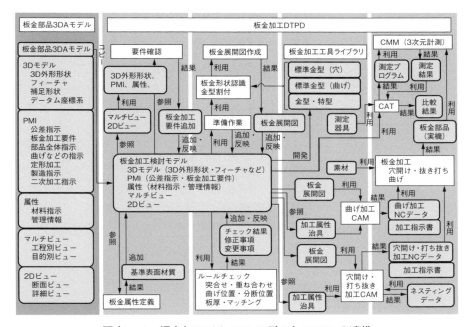

図表 4.10　板金加工での 3DA モデルと DTPD の連携

参照、不足情報の追加・補足、データ処理(シミュレーション・二元表からデータ算出など)結果の追加・反映などの手段で作成される。また、過去の板金加工 DTPD データから新たな板金加工 DTPD データを作成するケースもある。これらのデータは計算式などによって一義的に決まるとは限らず、板金加工の専門知識や経験から決まるものもある。

図表 4.11 に、組立品 3DA モデルの設計情報と組立 DTPD のものづくり情報の連携を示す。

板金加工と同様に、3DA モデルに含まれている組立要件をビューワで確認し、組立品 3DA モデルをデジタルマニュファクチャリングツールに読み込み、設計構成(設計 BOM)から製造構成(製造 BOM)へ変更して、組立手順と組立方法を検討しながら指示事項を追加して組立手順書を作成。組立手順書と製造構成から生産前準備(用品管理による部品入荷確認・棚作り・マーシャリング・生産設備と治具の準備・作業員の確保)と組立をして組立品を生産する。測定器で組立品を測定して設計指定事項に対して合否判定を行い、組立品の組立性を向上する

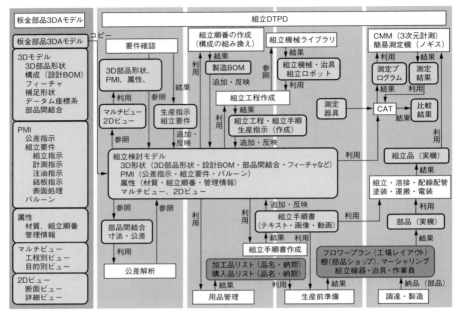

図表 4.11　組立の 3DA モデルと DTPD の連携

ために、組立品 3DA モデルを使って公差解析を行い、組立品 3DA モデルの公差値を評価する。

　組立 DTPD（情報オーナーは生産・組立部門）では、組立品 3DA モデル（情報オーナーは設計開発部門）とは情報オーナーが異なるので、組立品 3DA モデルから完全コピーをした組立検討モデルを使用する。組立 DTPD に含まれるデータは、組立品 3DA モデルのデータを利用・参照して作り、組立品 3DA モデルのデータを確認して追加・補足、組立品 3DA モデルのデータをデータ処理（シミュレーション・二元表からデータ算出など）して追加・反映し、組立 DTPD データから新たな組立 DTPD データを作る。これらのデータは計算式などによって一義的に決まるとは限らず、生産・組立の専門知識や経験から決まるものもある。

　金型加工・樹脂成形 DTPD、板金加工 DTPD、組立 DTPD の 3 種類の DTPD を見ても、細かい部分でものづくり情報の種類と表現形式が異なる。DTPD では、3DA モデルのスキーマのように、共通かつ統一的なスキーマの設定は難しく、ものづくり情報ごとにスキーマを設ける必要がある。

4.5　ものづくり情報調査分析：DTPDをどう作る

　ものづくり情報調査分析とは、DTPDの作成と運用のために、既存の製品開発プロセスで使用、もしくは必要となるものづくり情報を、調査分析で明らかにすることである。具体的には、2.4で紹介した手順と同様に、「製品開発フローチャート」から、「ものづくり工程作業手順フローチャート」を作成、それから、「ものづくり情報フローチャート」を作成する。ものづくり工程の成果物を集めて、成果物からものづくり情報をリストアップしてもよいが、どちらの場合でも、ものづくり情報と設計情報の関係と、ものづくり情報が設計情報からどのように作成するのかを調べておくことが重要である。

　ここでは、金型設計から計測までのものづくり工程プロセスで成果物を集めて、成果物からものづくり情報をリストアップする方法を説明する（**図表4.12**）。

　図表4.13には、金型設計から計測までのものづくり工程プロセスにおける成果物の一覧を示す。成果物には、自工程を終えて、次工程に提出される成果物はもちろん、自工程で参照されるものと自工程の仕掛かりものも含まれる。

　成果物とは3Dデータ、2D図面、仕様書や依頼書や受領書といったドキュメント、規定やカタログなどのドキュメントやホームページ、NCプログラム、測定結果などの表データなどである。ここで必要なものづくり情報は、成果物の中身である。**図表4.14**に、そのものづくり情報の一覧を示す。

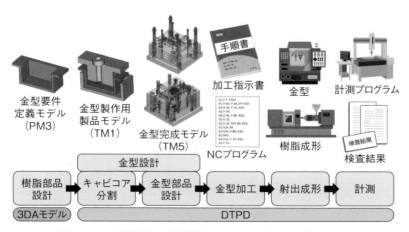

図表4.12　金型設計から計測までのものづくり工程プロセス

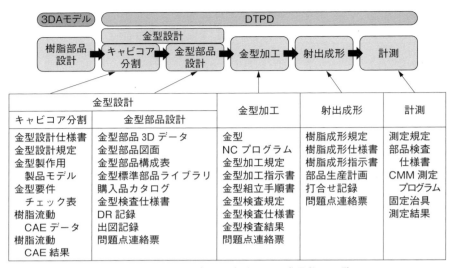

図表 4.13　金型設計から計測までの成果物の一覧

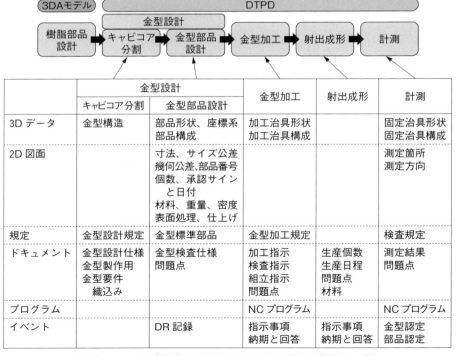

図表 4.14　金型設計から計測までのものづくり情報の一覧

第4章　3DAモデルからDTPDを作成し現場活用する：設計情報とものづくり情報の連携　　159

3.5 に示した 3DA モデルの設計情報調査分析では、設計情報の定義と内容が揃ったら、設計情報を 3DA モデルの 6 つのスキーマで表現した。4.4 で示したように、DTPD では、3DA モデルのスキーマのように共通かつ統一的なスキーマの設定は難しいため、ものづくり情報ごとにスキーマを設けて表現する。また、4.2 のDTPD の定義で示したように、DTPD は 3DA モデルから作成するため、設計情報とものづくり情報の関係を明確にしておく必要がある。

4.6　3DA モデルの品質：3DA モデルを DTPD で直接使うための確認事項

DTPD の要件として、「3DA モデルから DTPD が生成できる」。部品形状と部品構成は、3DA モデルの 3D モデル（それ以前からの 3D データを含む）で表現されるが、設計者が作成した 3D モデルの通りに、部品と組立品を製造してよいかどうかが議論になる。その理由として、製造したい部品形状と部品構成を正確に伝えるため、設計者は部品形状と部品構成を、全て 3D モデルに作り込む必要がある。また、モデリングの負担軽減や CAD の表示と操作におけるパフォーマンス低下防止を目的として、部品形状や部品構成を簡略化していることもある。さらに、3D モデルの品質（PDQ：Product Data Quality）も重要である。

3D モデルの品質が保たれていないと、3 次元 CAD からビューワ、CAE、CAM、CAT、デジタルマニュファクチャリング、PCB–CAD などのアプリケーションのデータ変換でエラーが発生して、3D モデルが渡らないことがある。そこで、「3DA モデルから DTPD が生成できる」の要件検討では、設計部門と製造、生産組立、計測、電気電子設計、解析などの部門やサプライヤーと、事前に確認する必要がある。以下にその確認すべき事項を、それぞれ紹介する。

[1]　ISO・JIS で規定された形状

ねじ・ローレット目など形状の仕様が ISO・JIS で規定されているものは、モデリングされた形状からではなく、規格名や管理ナンバーに基づいて加工を行うので、形状を簡略化してもよい。簡略化する形状は最外形でモデリングする。対象部分を領域指定などで明確にし、ISO・JIS に沿って PMI で指示する。**図表 4.15**に、ねじの例を示す。

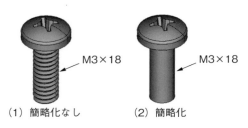

(1) 簡略化なし　　(2) 簡略化

図表 4.15　ISO・JIS（ねじ）要目表で規定する形状簡略化

［2］　要目表などで規定される形状簡略

　歯車・ベルト・ばねなど、仕様を要目表で明確に規定する場合は、モデリングされた形状からではなく、要目表に基づいて加工を行うので、簡略化してもよい。簡略化する形状は最外形でモデリングする。なお、簡略化する形状の詳細仕様は要目表で指示する。**図表 4.16** に、歯車の例を示す。

［3］　材料・材質で決まる形状

　パンチングメタル・金網・布など形状が材料・材質に依存している場合は、その材料部分の加工に形状モデルを使用しないので、形状を簡略化してもよい。加工する形状は正確にモデリングする。材料部分の表面形状は最外形でモデリングし、材料の仕様を PMI で指示する。材料端部の状態を指定する場合は、形状の一部をモデリングか PMI で指示する。**図表 4.17** に、パンチングメタルの例を示す。

［4］　加工先との間で簡略化の方法が規定された形状

　バーリング・エンボス・ハーフブランキング・繰り返し形状・ヘミング曲げ・抜きこう配・肉盗み・面打ち（面押し）・溶接・彫刻・刻印などの形状は、加工後の形状を正確にモデリングすることが難しい。このような場合、加工先との間で簡略化の方法を規定することにより、形状を簡略化してもよい。原則として、機能上必要な部分は正確な形状でモデリングした上で、識別できるような形状で簡略化する。対象形状・対象領域なども指定し，形状の詳細仕様を PMI で指示する。**図表 4.18** に、抜きこう配の例を示す。

第4章 3DAモデルからDTPDを作成し現場活用する：設計情報とものづくり情報の連携　　161

平歯車		
歯車形状		標準
基準ラック	歯形	並歯
	モジュール	2.5
	圧力角	20°
歯数		26
基準ピッチ円直径		65
転位量		−
全歯たけ		1.125
歯厚	またぎ歯厚	8.4895 $^{0}_{-0.075}$（またぎ歯数＝6）
精度		JIS B 1702 5級

（1）簡略化なし

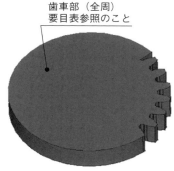

平歯車		
歯車形状		標準
基準ラック	歯形	並歯
	モジュール	2.5
	圧力角	20°
歯数		26
基準ピッチ円直径		65
転位量		−
全歯たけ		1.125
歯厚	またぎ歯厚	8.4895 $^{0}_{-0.075}$（またぎ歯数＝6）
精度		JIS B 1702 5級

（2）部分簡略化

図表 4.16　要目表で規定する形状簡略化（歯車）

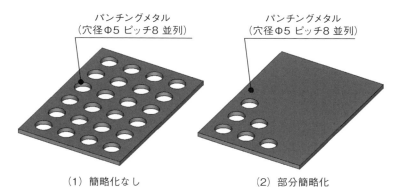

（1）簡略化なし　　　　　（2）部分簡略化

図表 4.17　材料・材質で規定される形状簡略化（パンチングメタル）

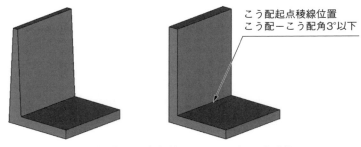

(1) 抜きこう配のモデル化　　(2) 抜きこう配モデルの簡略化

図表 4.18　加工先との間で方法が規定された形状簡略化（抜きこう配）

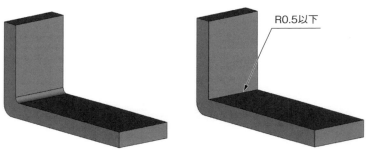

(1) 板金部品曲げ R のモデル化　　(2) 板金部品曲げ R モデルの簡略化

図表 4.19　製造方法により派生する形状簡略化（板金部品曲げ R）

［5］　製造方法により派生する形状

板金部品曲げ R、角隅 R、稜線 R、C 面取りなどの形状のうち、製造方法により派生する形状は、簡略化してもよい。簡略化した場合には、対象範囲・制限などの条件を PMI で指示する。**図表 4.19** に、板金部品曲げ R の例を示す。

［6］　3D モデルの品質

3D モデルの品質とは、PDQ（Product Data Quality）とも呼ばれ、3D モデルにおいて、**図表 4.20** に示すように、接続されているはずの面や線がきちんと接続されているかどうか、微小な面分などが含まれていないかどうか、などを指す。レイヤなど、形状以外の取り決め遵守も品質に含まれる。3D モデルの品質が悪いと、3 次元 CAD からビューワ、CAE、CAM、CAT、デジタルマニュファクチャリング、PCB–CAD などのアプリケーションのデータ変換でエラーが発生して、

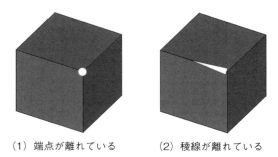

(1) 端点が離れている　　(2) 稜線が離れている

図表 4.20　3D モデルのデータの品質（PDQ：Product Data Quality）

3D モデルが渡らないことがある。PDQ のチェックツールを使い、PDQ として問題となる部分を修正しておく。

［7］　設計情報／ものづくり情報の決定権

　一般的に、設計者が 2D 図面または 3D データを作成する。生産管理者は、2D 図面または 3D データを見て、加工条件や納期、コストなどから総合的に判断し、最適な加工先を選定する。加工者は、2D 図面または 3D データを見て、加工法や加工機械の選択、工程の設計、治具の必要性、加工コストの見積もり、生産性向上を策定する。組立者は、2D 図面または 3D データを見て、組立方法や組立機械の選択、工程の設計、治具の必要性、組立コストの見積もり、生産性向上を策定する。検査者は、2D 図面または 3D データを見て、計測機器を選択し、部品の品質を保証するための検査方法を策定する。いずれも 2D 図面または 3D データが起点になっている。

　2D 図面とは「情報媒体、規則に従って図または線図で表した、そして多くの場合には尺度に従って描いた技術情報」と"JIS Z 8114"で定義されている。3D データとは、3 次元 CAD を用いて作成された設計モデルであり、「3 次元 CAD を用いて作成されたモデル形状及び補足形状で構成されるモデル」と"JIS B 0060-2"で定義されており、設計者、生産管理者、加工者、組立者、検査者で共通理解ができる。

　ただし、2D 図面または 3D データ内の設計情報の決定という点では、注意が必要である。例えば、設計が製品設計と生産設計に分かれている場合がある。製品設計者が機能構造を決定して、製作指示図または製作指示 3D データを作成する。

生産設計者は、製作指示図または製作指示 3D データを元に、生産性や保守性を考えて、詳細形状を変更して、2D 図面または 3D データを出図する。この場合、DTPD を作成する 3DA モデルとして、生産設計者が作成する 2D 図面または 3D データを採用する必要がある。

4.7　3DA モデルから DTPD へのデータ変換：3DA モデルから DTPD を作る

　3DA モデルから DTPD を生成するために、DTPD ツールに 3DA モデルを取り込む。その方法には、**図表 4.21** に示すような 3 種類がある。

①　ダイレクト変換

　3DA モデルを直接 DTPD ツールに読み込み、DTPD ツール内部でデータ変換して利用する。あるいは 3DA モデルから DTPD のダイレクト変換ツールを利用して、DTPD ツールで読み込む。3DA モデルの設計情報が欠落することなく DTPD ツールに取り込まれる。

② 中間ファイル変換

　中間ファイルは、コンピュータが設計情報を正しくかつ一義的に読み込み認識するように、設計情報の表現形式を決めた国際標準である。代表的な国際標準が、STEP AP242（ISO 10303-242）、JT（ISO 14306）、PDF（ISO 32000 および ISO 24517）、QIF（ISO 23952）などがある。3 次元 CAD で 3DA モデルから中間ファイルにデータ変換し

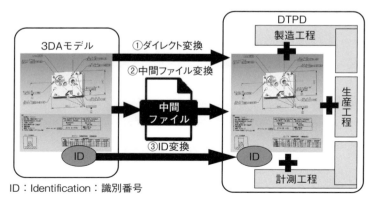

ID：Identification：識別番号

図表 4.21　3DA モデルから DTPD へデータ変換

て、中間ファイルを DTPD ツールで読み込む。3DA モデルの設計情報がどこまで取り込まれるかどうか、事前調査する必要がある。

③ ID 変換

ダイレクト変換と中間ファイル変換の場合は、3DA モデルの設計情報そのものをデータ変換の対象とする。DTPD の種類によっては、3DA モデルのデータを直接使わなくても、3DA モデルの設計情報を引き継ぐことで、DTPD を作成することができる。3DA モデルの設計情報および設計情報を構成するデータには ID が付けられている。ID は Identification（識別番号）の略である。ID を引き継ぐことで、DTPD で 3DA モデルの設計情報を利用することができる。

4.8 DTPD でセマンティック PMI の取り扱い：設計情報を、どう直接使うのか

3DA モデルのスキーマである PMI（Product manufacturing information：製品製造情報）には、3.6 でも示したように、グラフィック PMI とセマンティック PMI の 2 種類がある。**図表 4.22** に、位置度の幾何公差指示によるグラフィック PMI とセマンティック PMI の違いと DTPD での受け取りを示す。図表 4.22 には、3DA モデルの画面上に、位置度の幾何公差指示が PMI で表記されている。グラ

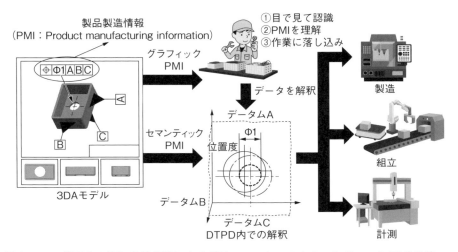

図表 4.22　位置度の幾何公差指示によるグラフィック PMI とセマンティック PMI の違い

フィック PMI の場合、加工者や測定者が PMI を目で見て、これが位置度の幾何公差指示と認識をする。位置度の幾何公差指示であることから、データム座標系、データム A、データム B、データム C と穴（形体）を 3D モデルから見つけて、CAM やデジタルマニュファクチャリングツール、CAT に位置度の幾何公差指示の内容を再入力する。セマンティック PMI の場合、位置度の幾何公差指示は、3D モデルのデータム座標系、データム A、データム B、データム C と穴（形体）の要素と結び付けられている（要素間連携している）ので、その関係性が CAM やデジタルマニュファクチャリングツール、CAT に取り込まれる。そのため、加工者や測定者が位置度の幾何公差指示の内容を再入力する必要がない。

　DTPD ツールでは、3DA モデルのセマンティック PMI の設計情報を直接利用できる。図表 4.23 で、位置度の幾何公差指示 PMI の設計情報を、計測の DTPD ツールでどのように利用するか説明する。計測では、CMM（Coordinate Measuring Machine：三次元測定機）による測定、被測定物の固定、位置度の測定の 3 種類の DTPD を作成する。

● **CMM による測定〔図表 4.23 の (2)〕**

　PMI の位置度から位置度の測定であることを検出する。3D モデルのデータム座標系を測定原点とする。PMI のデータム A（記号）、データム B（記号）、データム C（記号）から、3D モデルのデータム A（面）、データム B（面）、データム C（面）を選び、

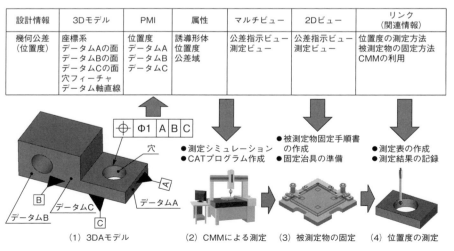

図表 4.23　計測 DTPD におけるセマンティック PMI の取り扱い

第4章　3DAモデルからDTPDを作成し現場活用する：設計情報とものづくり情報の連携　　**167**

測定方向とする。3Dモデルの穴フィーチャを測定位置と測定範囲とする。リンクの CMMの利用からCMMの機種などを決定する。これらの情報からCATプログラムを 作成して、測定シミュレーションで確認する。マルチビューの公差指示ビューと測定ビ ューを使い、測定シミュレーション結果をわかりやすく表示し、測定者は、リンクの CMMの利用と位置度の測定方法を参照して確認する。

● **被測定物の固定〔図表4.23の（3）〕**

　3Dモデルのデータム座標系から、測定原点が既に決定している。属性の誘導形体と リンクの被測定物の固定方法から、固定治具の利用と種類が決まる。3Dモデルのデー タムA、データムB、データムCから被測定物の固定面を決める。これらの情報から被 測定物固定手順をCATプログラムに追加する。また、測定者向けに被測定物固定手順 書を作成する。固定治具の準備をする。

● **位置度の測定〔図表4.23の（4）〕**

　属性の位置度と公差域から、測定表を作成する。CATプログラムに測定結果を測定 表に記録することを追加する。計測において、CMMと固定治具が準備され、被測定物 がCMMと固定治具に固定され、DTPDを使って測定が行われる。

4.9　DTPDでデジタル連携：設計情報とものづくり情報を効率 よく運用するために

　4.2のDTPDの定義および4.4のDTPDのスキーマで説明したように、DTPD は、ものづくり情報をデジタル化して集約したものである。ものづくり情報をセ マンティックかつマシンリーダブルにするには、ものづくりの意図をデータに織 り込む必要があり、その手段の1つが要素間連携である。

　DTPDの要素間連携も、3DAモデルの要素間連携と同じように、ものづくり情 報の構成要素間の関係を明確にして、ハイライトにより、どの要素を変更操作す ればよいか、どの要素に影響が発生するのかが明確になる。ものづくりの技術者 は、最適な操作で目的を達成することができる。要素間連携の利点は、ものづく りの意図を可視化して確認できると同時に、ものづくりの意図に応じた操作支援 が受けられる。ものづくりの意図とは、部品や組立品について、ものづくりの要 求を、設計情報およびものづくり情報の要素表示と要素間の相互関係で具体化し たものである。

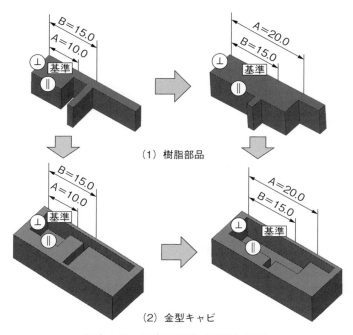

(1) 樹脂部品

(2) 金型キャビ

図表 4.24　要素間連携（形状と拘束）

　図表 4.24 に形状と拘束の要素間連携を示す。樹脂部品の深厚みとリブの位置は、2 箇所の寸法（A = 10.0、B = 15.0）と 2 箇所の幾何拘束（基準 A に対して垂直関係、基準 A に対して対辺は平行関係であり同寸法）の設計意図が定義され、樹脂部品の形状が構成される。金型キャビには、樹脂部品の設計意図である 2 箇所の寸法と 2 箇所の幾何拘束が反映され、これが、ものづくりの意図になっている。設計者が寸法 A = 10.0 を寸法 A = 20.0 に変更した場合、寸法 B = 15.0 と 2 箇所の幾何拘束は変わらず保たれた状態で、図表 4.24 の右側のような樹脂部品の形状に変わる。また、金型キャビも、寸法 A = 10.0 が寸法 A = 20.0 に変更となり、寸法 B = 15.0 と 2 箇所の幾何拘束は変わらず保たれた状態で、図表 4.24 の右側のような金型キャビの形状に変わる。

　図表 4.25 に幾何公差指示の要素間連携を示す。平板部品 3DA モデルの上面 F1 に、平行度の幾何公差指示がされている。平板部品 3DA モデルのデータ構造は、上面 F1 に平行度（幾何公差）、参照データム A（方向）、0.03（許容値）が関係付けられ、下面 F2 にデータム A が関係づけられ、円筒面 F3 に穴（フィーチャ）

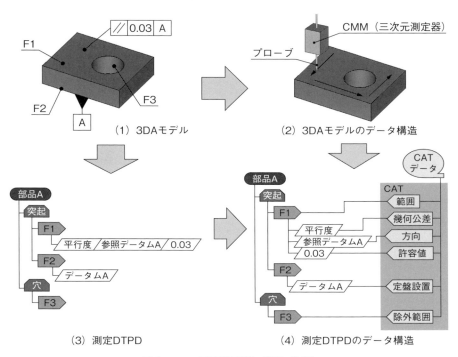

図表 4.25　要素間連携（幾何公差）

が関係付けられる。CAT で平板 3DA モデルが読み込まれると、幾何公差（平行度）、方向（参照データム A）、許容値（0.03）、範囲（上面 F1）、定盤位置（データム A）、除外範囲（円筒面 F3）から、CAT データとして CMM（三次元測定機）測定 NC プログラムを作成する。CMM（三次元測定機）では、平板部品の下面 F2 を定盤に設置して、プローブで上面 F1 に沿って座標値を測定し、円筒面 F3 は測定しない。座標値と許容値を元に平行度を判定する。幾何公差、3D モデル、CAT データ、CMM（三次元測定機）測定 NC プログラムの関係が要素間連携である。従って、例えば、設計者がデータム A を別な面に変更した場合、定盤位置が変更される。

図表 4.26 に加工指示と要素の要素間連携を示す。平板の φ6 の穴あけに、はめ合い公差 H7 のリーマ加工を指示した。平板 3DA モデルを CAM に読み込んだ時、加工者は穴あけ手順として、センタードリルによる位置決め、ドリルによる荒穴加工、リーマによるリーマ加工、CMM（三次元測定機）ではめ合い公差 H7 の測

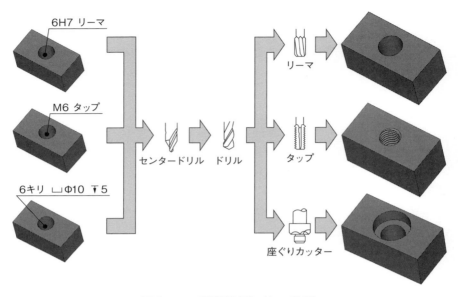

図表 4.26　要素間連携（加工指示）

定となる。加工指示、3D モデル、穴あけ手順、工具、NC プログラムの関係が要素間連携である。加工指示を M6 タップに変更した場合、穴あけ手順は、センタードリルによる位置決めとドリルによる荒穴加工は変わらず、M6 タップによるタップ加工と測定に変更される。加工指示を $\phi 6$ の貫通穴と、$\phi 10$ と深さ 5 の座ぐりに変更した場合、穴あけ手順は、センタードリルによる位置決めとドリルによる荒穴加工は変わらず、座ぐりカッターによる座ぐり加工と測定に変更される。

　図表 4.27 に BOP（製造工程表：Bill of Process）と製造構成の要素間連携を示す。4 個の部品 D、E、F、G からなる設計構成 2 段（メイン組立品とサブ組立品）で、A、B、C の組立品を、部品 D、E、F、G とサブ組立 B、C とメイン組立 A の BOP を利用して、組立品 A の製造構成を作成する。BOP の○で囲まれた英字 ⓐから ⓖは、工程を示している。例えば、部品 D は工程ⓐで製造され、工程ⓒでサブ組立 B に組み立てられ、工程ⓖでメイン組立 A に組み立てられる。他の部品も同様にして、製造および組立が行われる。最終的に、製造構成が作成される。設計構成、部品、サブ組立、メイン組立、BOP、製造構成の関係が要素間連携である。ここで、設計者が部品 G を部品 Y に変更し、サブ組立 C をサブ組立 X に変更する。生産管理者が部品 Y とサブ組立 X の BOP を追加する。部品 Y は部品

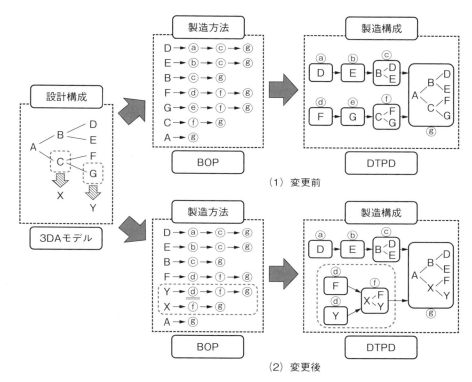

図表 4.27 要素間連携(BOP と製造構成)

F を製造する工程ⓓで製造される。製造構成の部品 Y とサブ組立 X が加わり変更される。

4.10 属性情報の XML 表現と運用:3D ではない関連情報のやり取り

 3DA モデルは、3D モデル、PMI、属性(直接的なテキストや表形式の情報)、マルチビュー、2D ビュー、URL やドキュメントファイルなど関連情報とのリンクの 6 つのスキーマで設計情報を表現する。**図表 4.28** に示すように、コンピュータ上でのデータは、形状データとテキストデータの 2 種類になる。テキストデータで表現する設計情報は、具体的には、3DA モデルと DTPD の作成・変更・完了などの作業履歴(日時・実施者・承認者・作業内容など)、3DA モデルと DTPD

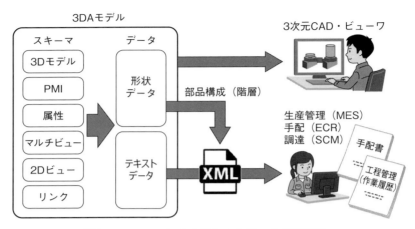

図表 4.28　XML によるテキストデータの取り扱い

の内容に関する変更履歴（設計変更・物性値や材料の変更など）、3DA モデルと DTPD の利用実績（PDM/PLM のチェックインとチェックアウト、改変実績、長期保管にもとづく改変履歴など）の関連情報である。3DA モデルを見るためには、3次元 CAD やビューワが必要になる。生産管理、手配、調達では、必ずしも形状データは必要なく、テキストデータのみ必要になる。

　3次元 CAD やビューワを使わずに、MES（製造実行システム；Manufacturing Execution System）、ERP（経営管理システム：Enterprise Resources Planning）、SCM（サプライ・チェーン・マネジメント：Supply Chain Management）でテキストデータを確認したい場合は、3DA モデルからテキストデータを取り出す必要がある。

　3DA モデルから取り出されたテキストデータには、3個の要件が必要である。

① **部品構成に基づくテキストデータ**

　機械（組立品）の設計情報は、部品と部品構成から成り立っている。これは**図表 4.29**に示すように、形状データだけでなく、テキストデータも同様である。3DA モデルでは、組立品と部品に関連情報が存在するので、部品構成に基づいて関連情報が保持されている。テキストデータのみでも、部品構成を反映する必要がある。

② **ヒューマンリーダブルとマシンリーダブル**

　ヒューマンリーダブルは、人が理解できることである。マシンリーダブルは、機械が理解できることである。3DA モデルに、ヒューマンリーダブルとマシンリーダブルが必

第4章　3DAモデルからDTPDを作成し現場活用する：設計情報とものづくり情報の連携　　173

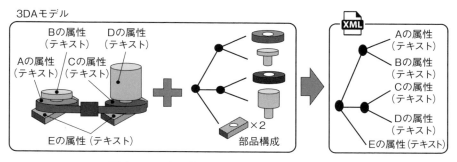

図表 4.29　部品構成を反映したテキストデータ

要なことは、3.2 と 3.8 で説明した。3DA モデルから取り出したテキストデータも設計情報であるので、設計情報を利用する立場ではなく、設計情報を提供する立場でも、設計者は最終的に目視によるチェックをしたい。

③　ファイル操作による手間を回避

　テキストデータは、コンピュータ上で、ファイルで表現される。テキストデータを確認・編集するために、ファイルをソフトウェアに読み込む。その際に厳格な入出力フォーマットを決める必要がある。テキストデータの内容と形式に応じて、その都度、入出力フォーマットを決める必要がある。また、ファイルが国際標準などに依らず、独自形式になっている場合、ソフトウェアの開発も必要になってくる。これらのファイル操作による手間を回避したい。

　これら 3 個の要件を満たすテキストデータの表現が、XML（拡張可能なマーク付け言語；Extensible Markup Language）である。XML は、文章の見た目や構造を記述するためのマークアップ言語の一種である。主にデータのやりとりや管理を簡単にする目的で使われ、記述形式がわかりやすいという特徴がある。Web 技術で頻繁に登場する、HTML（HyperText Markup Language）も、XML と同じマークアップ言語のひとつである。XML も HTML も文章の構造や見た目を記述するマークアップ言語であるが、XML はデータの内容を記載する「タグ」を自由に設定することが可能であるため、非常に高い柔軟性を持ちながら、データに意味を持たせることができる。さらに親子構造を持たせることができるため、ツリー型や入れ子型と呼ばれるような、データの構造化を実現することができる点が特徴である。XML がデータとして意味と構造を持っていることはシステム

図表 4.30　XML ファイルの例

間連携と呼ばれる。これはデータ連携やデータ交換にとって大きなメリットとなる。図表 4.30 に XML ファイルの例を示す。

　XML フォルダにある最初の 1 行は、「このファイルは XML である」と宣言している定型文である。2 行目に記載されている、<date 記入日時> 以下のタグと中身に注目して欲しい。「date 記入日時」というグループの中に「モデル編集履歴」と「ツール情報」と「シミュレーション結果ファイル」と「シミュレーション設定」といった、最終的に記載したい個別の項目が入っている、という構造に見える。つまりこのデータは、「date 記入日時～モデル編集履歴・ツール情報・シミュレーション結果ファイル・シミュレーション設定」といった、入れ子構造や親子構造、といった階層構造を持っているということである。「<」、「>」、「<>」、「</>」は、意味を示す「タグ」と呼ばれる。ただし、タグの中身は HTML のように、フォントの大きさ・色などといった記載はなく、何らかのレイアウトを示すような内容は書かれていない。XML のタグは、タグに挟まれる内容（データ）が何であるかを示す文字になっており、自由に決められ、データに意味をつけることができる。なお、この XML ファイルを Google Chrome や Microsoft Edge などの Web ブラウザに読み込ませても、XML リストがそのまま表示されるだけで、特に何の処理もされない。XML 文書で何かのレイアウトに応じた表現をしたい場合には、XML パーサと呼ばれるツールが必要となる。XML パーサは、アプリケーションプログラムで XML を扱えるようにしてくれるツールである。XML パーサを持っている Microsoft Excel で読み込むと、図表 4.31 に示すような表形式で表示することができる。

第4章　3DA モデルから DTPD を作成し現場活用する：設計情報とものづくり情報の連携　　175

date 記入日時	モデル 編集履歴	ツール情報	シミュレーション 結果ファイル	シミュレーション設定
2020 年 6 月 23 日	・新規作成	Open Modelica ver1.11.0	PackageMSTC. UnitABFMI_res.xml	startTime = "O" stopTime = "15" stepSize = "0.001" tolerance = "le-006" solver = "dassl" outputFormat = "csv"

図表 4.31　XML ファイルを読み込んだ Microsoft Excel

4.11　ヒューマンリーダブルとマシンリーダブル：相反する要件の統合

　DTPD は、3DA モデルから生成する。また、ものづくり工程の作業を行うために、ものづくり情報を集約している。従って、DTPD も、3DA モデルと同様に、ヒューマンリーダブルとマシンリーダブルの両立が必要である。

　まず、セマンティック PMI と、要素間連携と、関連情報のやり取り（属性情報の XML 表現と運用）により、DTPD では、コンピュータ上でものづくり情報とものづくりの意図を合わせて表現できる。また、機械加工機および産業ロボット、CMM（三次元測定機）の NC プログラム、CMM による測定結果は、マシンリーダブルに特化したデータになっている。これらに関しては、シミュレーションやポスト処理などの可視化システムを使って、内容を確認することで、ヒューマンリーダブルを実現できる。

4.12　量産製品「デジタル家電製品」の DTPD 事例：具現化と効果

　ここからの 4.12 と 4.13 では、これまでの章と同様に、「デジタル家電製品」と「社会産業機器」の事例を紹介する。4.12 では、まずは量産製品「デジタル家電製品」の DTPD 事例を説明する。3.14 の量産製品「デジタル家電製品」の 3DA モデル事例では、筐体設計の設計情報を 3DA モデルにまとめたが、ここでも同様に 3DA モデルも共有して、ものづくりで活用する。ここでは 3DA モデルの設計情報から電気電子設計、製造、計測の DTPD を、どのように作成すればよいか、そして電気電子設計、製造、計測からのフィードバックを、3DA モデルと DTPD でどのように行えばよいかについて紹介する。

[1] ものづくり情報分析

　デジタル家電製品の3次元設計における製品開発プロセスおよび電気電子設計成果物とものづくり工程（製造と計測）成果物を**図表4.32**に示す。これは、2.8(2) のデジタル家電製品の製品開発プロセス分析で調べた製品開発フローチャートで、電気電子設計と金型製造における成果物を調べたものである。成果物は、自工程後に次工程に提出される成果物、自工程で参照されるものと自工程の仕掛かりものからなる。

　次に、電気電子設計の成果物から抜き出したものづくり情報の一部を**図表4.33**に示す。電気電子設計は、電気電子回路設計とPCB（プリント実装基板；Printed Circuit Board）設計に大きく分かれる。電気電子回路設計は、デジタル家電製品の電気電子的な機能を実現する電気電子回路を設計する。電気電子回路設計の成果物は、電気電子回路データと、電気電子回路で使用される電気電子部品データである。PCB設計は、PWB（プリント配線板；Printed Wiring Board）上に電気電子部品を実装して、電気電子回路を実現するために、電気電子回路パターンと電気電子部品を配置したPCBを設計する。電気電子部品の詳細データは、予め電気電子部品ライブラリに登録されており、部品名と部品コードから引用される。PCB設計の成果物は、PCBデータと電気電子部品データである。PCB製造で、PCBデータと電気電子部品データから製造データを作成し、PCBを製造する。

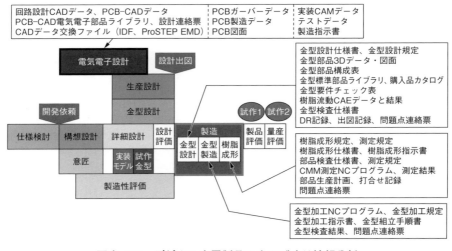

図表4.32　デジタル家電製品のものづくり情報分析

第4章 3DAモデルからDTPDを作成し現場活用する:設計情報とものづくり情報の連携　177

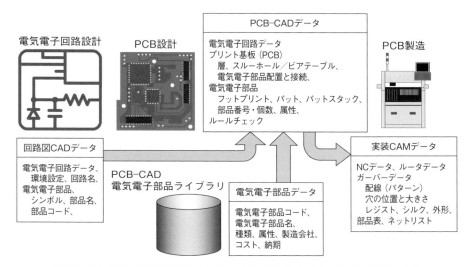

図表 4.33　電気電子設計の成果物から抜き出したものづくり情報の一部

　製造の成果物から抜き出したものづくり情報の一部を**図表4.34**に示す。製造では、デジタル家電製品の筐体は樹脂部品で、金型を設計と加工して、金型に樹脂材料を流し込み成形して製造する。金型設計では、樹脂部品の設計情報から金型要件を織り込み金型設計CAMデータを作り、金型加工NCデータと金型加工指示書と金型発注手配書を成果物とする。金型設計CAMデータは、筐体3DAモデ

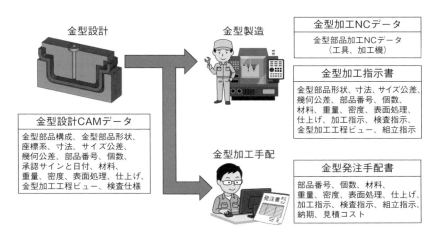

図表 4.34　金型製造の成果物から抜き出したものづくり情報の一部

ルに金型加工要件と金型設計ノウハウを加えた金型加工 DTPD であり、金型組立品、金型部品、属性、管理情報で構成される。金型加工 NC データは、金型部品加工するために工具と加工機を制御するデータである。金型加工指示書は。加工者に対する指示事項である。金型発注手配書は、生産管理に金型加工と納品の手配を依頼する帳票である。

ものづくり情報を DTPD で体系的かつ共通的に表現したいところではあるが、4.4 で説明したように、DTPD のスキーマは決まっていないため、ものづくり情報の体系的かつ共通的な表現は、一部または独自のものにとどめた。

［2］ 3DA モデルとものづくり情報の連携

デジタル家電製品の 3DA モデルとものづくり情報の連携を図表 4.35 に示す。

構想設計と詳細設計では、設計仕掛かり中の組立品 3DA モデルと電気電子設計の PCB 設計の PCB–CAD データで、デジタル家電製品部品配置と干渉判定結果に関する設計情報を交換する必要がある。

金型設計・加工では、樹脂部品 3DA モデルから金型加工・樹脂成形 DTPD を作成する。金型設計・金型製造・金型加工手配の手順は変更していないので、3DA モデルから金型設計 CAM データを作成し、金型部品加工 NC データ、金型加工指示書、金型発注手配書を作成する。

金型と樹脂材料から射出成形で、樹脂部品を製造し、樹脂部品 3DA モデルから計測 DTPD を作成して、樹脂部品に対して計測をする。金型設計・加工と射出

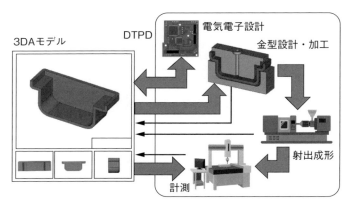

図表 4.35　デジタル家電製品の 3DA モデルとものづくり情報

成形では、製造性問題が発生することが考えられ、計測では、測定上の問題が発生することが考えられる。これらの問題が発生した時は、設計者に問題を知らせるために、樹脂部品3DAモデルに問題点を伝える必要がある。

［3］ 機械設計と電気電子設計の連携

組立品3DAモデルと電気電子設計DTPDの連携を**図表4.36**に示す。これは、ものづくり情報分析の電気電子設計の成果物、デジタル家電製品の構成要素の組立品と筐体部品と実装部品（HDDや液晶ディスプレイなど）とプリント基板（PCB）と電気電子部品の3DAモデル、3Dデータ電気電子部品ライブラリでの設計情報の関係を示している。

量産製品「デジタル家電製品」のDTPD事例における機械設計と電気電子設計の連携は、PWB形状の伝達、電気電子部品配置の伝達、PCB属性の伝達、筐体部品と実装部品と電気電子部品の干渉判定結果の伝達、DRの5段階の作業に分類できる。

電気電子部品配置の伝達では、PCB-CADデータの電気電子部品コードと部品名から3Dデータ電気電子部品ライブラリで電気電子部品3Dモデルが検索され、PCB-CADデータの電気電子部品の位置と方向から座標変換され、電気電子部品

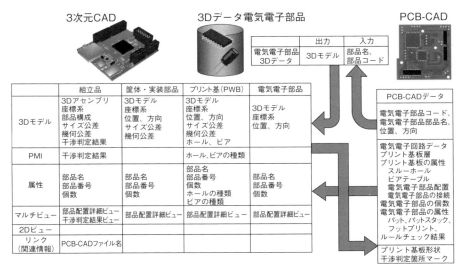

図表4.36　組立品3DAモデルと電気電子設計DTPDの連携

3DAモデルの3Dモデルに格納される。干渉判定の効率化の観点から、サブ組立品で構成される。PCB-CADデータの電気電子部品コードと部品名と個数は3DAモデルの属性に格納される。

PCB属性の伝達では、PCB-CADデータのプリント基板の属性と電気電子部品の属性がプリント基板3DAモデルと電気電子部品3DAモデルの3Dモデル、PMI、属性に格納される。これらの情報は、グランド（GND）確保やEMI（電磁波妨害；Electro Magnetic Interference）ノイズ対策などに使用される。

電気電子部品配置の伝達で、組立品3DAモデルと電気電子設計DTPDの詳しい連携を図表4.37に示す。最初に、PCB-CADでPWBに抵抗R1を位置（Xr, Yr, Zr）と方向（Ur, Vr, Wr）に配置した。3Dデータ電気電子部品ライブラリで抵抗R1の3Dデータを検索し、これを位置（Xr, Yr, Zr）と方向（Ur, Vr, Wr）に変換して、抵抗R1の電気電子部品3DAモデルを作成する。機械設計者が担当する組立品3DAモデルに、電気電子部品3DAモデルへ組み込む。次に、PCB-CADでPWBにコンデンサC1を位置（Xc, Yc, Zc）と方向（Uc, Vc, Wc）へ追加する。3Dデータ電気電子部品ライブラリでコンデンサC1の3Dデータを検索し、これを位置（Xc, Yc, Zc）と方向（Uc, Vc, Wc）に変換して、コンデンサC1の電気電子部品3DAモデルを作成する。機械設計者が既に組立品3DAモデルの中で、抵抗R1の電気電子部品3DAモデルを使って機械設計を進めており、電気電子設計車が機械設計者に断りなく、コンデンサC1の電気電子部品3DAモデルを組立品3DAモデルに追加すると、機械設計者が混乱する。時間記録で前回の電気電子部

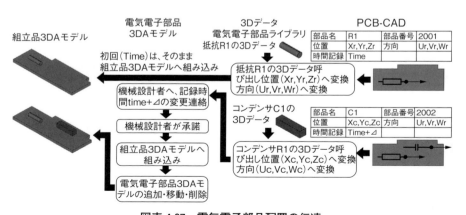

図表4.37　電気電子部品配置の伝達

品3DAモデル追加から時間が経過している場合、機械設計者にメールで変更連絡を連絡し、機械設計者の承諾を得て、コンデンサC1の電気電子部品3DAモデルを組立品3DAモデルに追加する。

筐体部品と実装部品と電気電子部品の干渉判定結果の伝達で、組立品3DAモデルと電気電子設計DTPDの詳しい連携を**図表4.38**に示す。

3次元CADで組立品3DAモデルの干渉判定を実施したところ、CASE1002の筐体部品3DAモデルとPCB1001のプリント基板／電気電子部品サブ組立3DAモデルが干渉箇所Pで干渉しており、形状部分は直方体interferenceになっている。干渉判定結果は、組立品3DAモデルのスキーマに合わせて、3Dモデルとして、干渉している部品CASE1002とPCB1001の形状、干渉している位置P、直方体interferenceの干渉形状が格納されている。PMIとして、干渉情報「CASE1002とPCB1001はPで干渉している。属性として、干渉している部品CASEとPCBの部品名（PCB1001とCASE1002）と部品番号（1001と1002）が格納されている。マルチビューとして、干渉形状と干渉箇所がわかりやすく3方向と斜視方向で表示できる干渉判定結果ビューが格納されている。

ただし、電気電子設計者は3次元CADを使わないので、このままでは干渉判定結果を確認できない。PCB-CADでは、PCB1001を上方から眺める2次元表示のみになるので、干渉形状の直方体interferenceをPCB1001上に投影した直方体をハッチングで表示し、その大きさをPCB定義座標系上の座標で表示する。電気

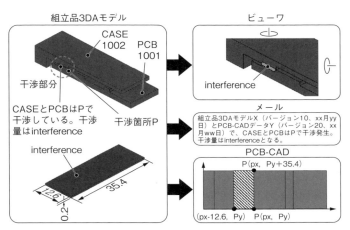

図表4.38　筐体部品と実装部品と電気電子部品の干渉判定結果の伝達

電子設計者に早く干渉発生を知らせるために、組立品 3DA モデルのファイル名とバージョン、PCB-CAD データのファイル名とバージョンを追加した干渉情報をメールで知らせる。これによって、電気電子設計者はビューワで具体的に干渉形状と干渉箇所をひとりで確認できる。

電気電子設計者は、PCB-CAD で干渉領域を回避するように、電気電子部品配置を変更する。あるいは、機械設計者に筐体内部形状を変更する、実装部品の移動を要請する。機械設計者と電気電子設計者が、双方で筐体部品と実装部品と電気電子部品が干渉していないことを確認できる。

［4］　金型加工・射出成形の DTPD

量産製品「デジタル家電製品」の DTPD 事例で、樹脂部品 3DA モデルから作成した金型加工・射出成形 DTPD を**図表 4.39** に示す。金型設計では、樹脂部品 3DA モデルの設計情報から金型要件を織り込み金型設計 CAM データを作る。金型 CAD/CAM を使用して、金型設計者が樹脂部品 3DA モデルの金型要件盛り込みランクと、パーティングラインやスライド配置位置などの金型要件を確認する。金型構想に基づき、キャビとコアに分割して、成形品に現れない金型要件を作り込んだキャビ・コアモデルを作成して、金型構造を作り込んだ金型完成モデルを作成する。

キャビ・コアモデルと金型完成モデルの作成には、金型設計規定や基準、金型設計と金型加工のノウハウなどの金型設計工程専門データが活用される。金型完成モデルには、金型部品構成、金型部品形状、座標系、金型構造、寸法、サイズ公差、幾何公差、部品番号、個数、承認サインと日付、材料、重量、密度、表面処理、仕上げ、金型加工工程ビュー、検査仕様が含まれる。金型 CAM で、金型完成モデルから金型部品加工 NC データと金型加工指示書と金型発注手配書を作成する。金型部品加工 NC データは、機械加工機（旋盤・マシニングセンタなど）に送られ、金属素材を加工して金型を加工する。金型部品加工 NC データはマシンリーダブルであり、ヒューマンリーダブルではない。そのため、金型加工者は、ヒューマンリーダブルである金型加工指示書を見て、金型部品の情報、金型加工手順と指示事項を確認する。

金型部品加工と納品を加工部門に発注する金型発注手配書も作成する。発注作業の効率化と発注内容の正確さを考えて、金型設計 CAM データから依頼事項、

第4章 3DAモデルからDTPDを作成し現場活用する：設計情報とものづくり情報の連携　　183

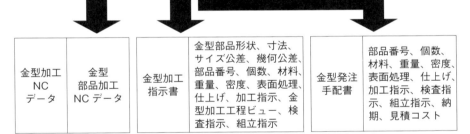

図表 4.39　樹脂部品 3DA モデルから、金型加工・射出成形 DTPD を作成

作業と納品の条件を取り出して作成する。

　代表例として、ミスマッチと突き出し不可を説明する。樹脂部品 3DA モデルのミスマッチの設計情報を図表 3.32 と図表 3.33 に示したが、これを金型 CAD/CAM に取り込んだ設計情報を**図表 4.40** に示す。ミスマッチに関わる設計情報は、金型 CAD/CAM で表示確認だけでなく、金型設計 CAM データの作成に利用できる。

　ミスマッチを考慮した金型加工・射出成形 DTPD を**図表 4.41** に示す。樹脂部品の特徴から、金型構造はスライドを使ったキャビ・コア両彫りの金型となる。段差を一方向に制御したい場合には、あらかじめキャビ・コアの寸法を変化させ、

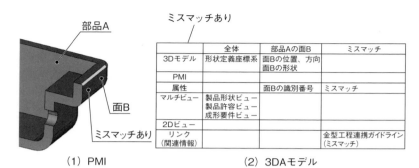

図表 4.40　金型 CAD/CAM に取り込まれたミスマッチ PMI

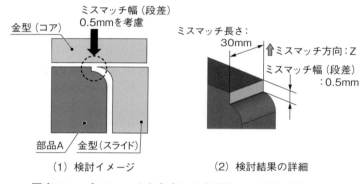

図表 4.41　ミスマッチを考慮した金型加工・射出成形 DTPD

段差を設けることで段差が出る方向を管理する場合がある。この方法をミスマッチの解決に適用した。すなわち、図表 4.41（1）に示すようにミスマッチ幅（段差）0.5 mm を考慮して、図表 4.41（2）に示すようにミスマッチ方向 Z とミスマッチ長さ 30 mm とミスマッチ幅 0.5 mm の段差を部品 A に施す形状変更案を考えた。

　金型加工者は、部品 A の形状変更案を製品設計者に提案する。ミスマッチ考慮の 3DA モデルとして、図表 4.41（2）に示した形状変更案を、部品 A の 3D モデルにフィードバックする。さらに、形状変更案を定量的に即座に把握するために、**図表 4.42** に示すように、3DA モデルの属性に、ミスマッチ方向 Z とミスマッチ長さ 30 mm とミスマッチ幅 0.5 mm を追加する。製品設計者は、形状変更案を検討し、樹脂部品の形状変更を承認した。

　ミスマッチは、2D 図面でも伝えられる。しかし、ミスマッチを解決する方法を直接的に検討するには、樹脂部品の形状と属性が必要になり、これらは 2D 図

第4章 3DAモデルからDTPDを作成し現場活用する：設計情報とものづくり情報の連携

	全体	部品Aの面B	ミスマッチ
3Dモデル	形状定義座標系	面Bの位置、方向 面Bの形状	
PMI			
属性		面Bの識別番号	ミスマッチ
			ミスマッチ方向：Z ミスマッチ長さ：30 mm ミスマッチ幅（段差）：0.5 mm
マルチビュー	製品形状ビュー 製品許容ビュー 成形要件ビュー		
2Dビュー			
リンク （関連情報）			金型工程連携 ガイドライン（ミスマッチ）

図表 4.42　ミスマッチ考慮の 3DA モデル

	全体	部品Aの領域C	範囲	突き出し不可
3Dモデル	形状定義座標系	補助形状 幅、高さ 位置		
PMI				
属性		長方形（形状）	内側	突き出し不可
マルチビュー	金型要件ビュー			
2Dビュー	金型要件ビュー			
リンク （関連情報）				金型工程連携ガイドライン （突き出し不可）

図表 4.43　金型 CAD/CAM に取り込まれた突き出し不可

面では伝えられず、3DA モデルが必要になる。

　突き出し不可を金型 CAD/CAM に取り込んだ設計情報を**図表 4.43** に示す。突き出し不可に関わる設計情報は、金型 CAD/CAM で表示確認だけでなく、金型

設計 CAM データの作成に利用できる。

突き出し不可を考慮して金型加工・射出成形 DTPD を作成する。当初は、**図表 4.44** に示すように、金型構造を検討して、部品 A のコア側に突き出しピンを当てて、金型（コア）から部品 A を引き剥がすことにした。

部品 A の 3DA モデルで設計情報を確認すると、部品 A のコア側に突き出し不可 PMI の指示がされている。そこで金型加工者は、金型構造を再検討して、**図表 4.45** に示すように、突き出しピンを部品 A のキャビ側に設定するように変更した。

この事例のように、DTPD では、ヒューマンリーダブルの判断を一歩進めて、マシンリーダブルとして、金型 CAD/CAM に突き出し設定ルールを設けることができる。部品 A の領域 C の頂点の位置（X_p, Y_p, Z_p）と幅と高さから突き出し不可領域を求め、その計算式を使って、突き出しピン設定位置が突き出し不可領域内にあるかどうかを計算し、突き出しピン設定位置が突き出し不可領域内にあ

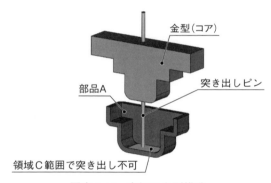

図表 4.44　当初の金型構造

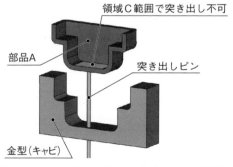

図表 4.45　突き出し不可を考慮した金型構造

れば、警告を出して、突き出し可能な領域に変更することもできる。

［5］ 金型加工・射出成形の関連情報のやり取り

　樹脂部品3DAモデルから金型加工・射出成形DTPDを作成したが、これに続いて、**図表4.46**に示すように、金型部品加工と納品を加工部門に発注する金型発注手配書も作成する。

　発注作業の効率化と発注内容の正確さを考えて、金型設計CAMデータから依頼事項、作業と納品の条件を取り出して作成する。また、加工部品から金型を受け取る時に、実績コスト（請求金額）、納品日、検査記録が書かれた金型納品報告書も受け取る。

　デジタル家電製品のコスト集計と製品開発管理を正確かつ効率的に行うためには、金型納品報告書の情報も樹脂部品3DAモデルに取り込みたい。しかしながら、設計者がPLMなど様々な情報システムの画面から転記手入力で金型発注手配書を作成、あるいは設計者が金型納品報告書から樹脂部品3DAモデルへ転記手入力していたのでは、効率が悪いばかりか、誤った情報を入力することも考えられる。そこで、金型発注手配書と金型納品報告書にXMLを使った。**図表4.47**に示すように、金型CAD/CAMで、金型発注手配書をXML形式で作成し、加工

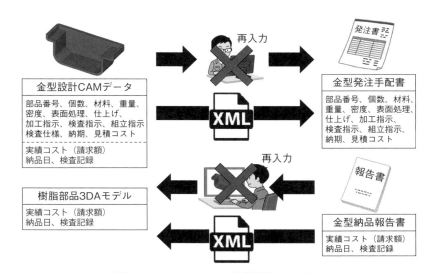

図表4.46　XMLによる関連情報のやり取り

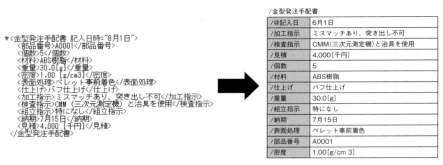

(1) XMLファイル　　　　　　　　(2) 伝票（Microsoft Excel）

図表 4.47　XML による金型発注手配書の作成

(1) 伝票（Microsoft Excel）　　　　(2) XMLファイル

図表 4.48　XML 形式の金型納品報告書の受取

部門の Microsoft Excel で読み込めば、表形式の金型発注手配書を受け取ることができる。

図表 4.48 に示すように、加工部門の Microsoft Excel で金型納品報告書を作成して XML 形式で出力すれば、設計者は 3 次元 CAD で、金型納品報告書を読み込み、樹脂部品 3DA モデルの属性に、実績コスト（請求金額）、納品日、検査記録を保存できる。

［6］　計測の DTPD

樹脂部品 3DA モデルから作成した計測 DTPD を図表 4.49 に示す。計測では、樹脂部品 3DA モデルの設計情報から計測要件を織り込み、樹脂部品計測 CAT データを作る。CAT（計測支援システム）を使用して、測定者が樹脂部品 3DA モデルの測定箇所と、設計値（サイズと公差で指定した合格値）と、データムターゲットなどの計測指示を確認する。測定ビューを利用して測定箇所と設計値の把握を効率的に行う。樹脂部品の固定方法を検討し、CMM（三次元測定機）と治具を使った測定方法を検討して、プローブをどのように測定箇所に当てて、どの値を測定するかを指定する。

第4章 3DAモデルからDTPDを作成し現場活用する：設計情報とものづくり情報の連携　189

3D モデル	PMI	属性	マルチビュー	2Dビュー	リンク （関連情報）
製品形状 データム 座標系 形状定義 座標系 部品構成	データム 重要管理寸法 サイズ公差 幾何公差 製造指示 　金型加工要件 　樹脂成形要件 表面処理指示 塗装指示 測定指示 注記	材質 マスプロパティ リリースレベル バージョン 出図管理表 設計変更情報 3Dモデル 管理表	アイソメ図 公差指示ビュー 刻印ビュー 製品形状ビュー 製品許容ビュー 成形要件ビュー 二次加工ビュー 表面処理ビュー 塗装ビュー 測定ビュー	三角法の 投影面 断面図	設計仕様書 DR記録 測定結果 金型製造性問題 成形製造性問題 リリースレベル内容 問題点連絡票 設計変更指示書 生産計画 コスト情報

樹脂部品 計測 CATデータ	製品形状、データム座標系、形状定義 座標系、寸法、測定指示、サイズ公差、 幾何公差、部品番号、個数、承認サイ ンと日付、材料、重量、密度、測定ビ ュー、検査仕様、CMM（三次元測定 器）、治具、プローブ、手順、測定箇所 （位置、方向）、測定値、設計値、		樹脂部品 計測工程 専門デー タ	測定規定、測定基準 部品検査仕様書、問 題点連絡票と解決、 部品測定方法、治具、 CMM（三次元測定 器）

樹脂部品 計測 プログラム	CMM測定 NCプログ ラム	樹脂部品 計測 指示書	製品形状、寸法、サイ ズ公差、幾何公差、部 品番号、個数、材料、 重量、密度、計測指示、 測定ビュー、測定指示、 CMM（三次元測定器）、 治具	樹脂部品 計測発注 手配書	部品番号、個数、 材料、重量、密度、 測定指示、納期、 見積コスト、測定 結果

図表4.49　樹脂部品3DAモデルから、計測DTPDを作成

　この際に、測定規定や基準、樹脂部品測定のノウハウなどの樹脂部品計測工程専門データが活用される。樹脂部品計測CATデータには、製品形状、座標系、寸法、測定指示、サイズ公差、幾何公差、部品番号、個数、承認サインと日付、材料、重量、密度、測定ビュー、検査仕様、CMM（三次元測定機）、治具、プローブ、手順、測定箇所、測定値、設計値が含まれる。

　CATで、樹脂部品計測CATデータから、樹脂部品計測プログラム、樹脂部品計測指示書、樹脂部品計測発注手配書を作成する。樹脂部品計測プログラムは、CMM（三次元測定機）に送られ、定盤と治具で固定された樹脂部品の測定を行

い、測定結果を記録する。樹脂部品計測プログラムは、マシンリーダブルであり、ヒューマンリーダブルではない。そのため、測定者は、ヒューマンリーダブルである樹脂部品計測指示書を見て、樹脂部品をCMM（三次元測定機）に定盤と治具で固定し、測定手順と指示事項を確認する。樹脂部品の測定と測定結果の納品を測定者に発注する樹脂部品計測発注手配書も作成する。さらに、発注作業の効率化と発注内容の正確さを考えて、樹脂部品計測CATデータから依頼事項、作業と納品の条件を取り出して作成する。

代表例として、ボス（穴）幾何公差とデータムターゲットを示す。ボス（穴）幾何公差の設計情報については、図表3.39と図表3.40に示したが、これをCATに取り込んだ設計情報を**図表4.50**に示す。ボス（穴）幾何公差の設計情報は、

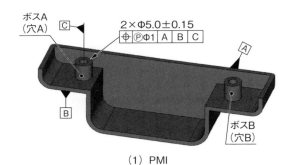

(1) PMI

	全体	ボスA（穴A）位置	ボスA（穴A）側面形状	ボスB（穴B）位置	ボスB（穴B）側面形状
3Dモデル	データム座標系 形状定義座標系	補助形状（中心）データム直線	穴フィーチャ データム直線	補助形状（中心）データム直線	中心軸 穴フィーチャ
PMI		位置度公差	サイズ公差	位置度公差	サイズ公差
属性		誘導形体 位置度 公差域	サイズ公差 公差域	誘導形体 位置度 公差域	サイズ公差 公差域
マルチビュー	公差指示ビュー 測定ビュー				
2Dビュー	公差指示ビュー 測定ビュー				
リンク（関連情報）		測定規定 測定仕様書	測定規定 測定仕様書	測定規定 測定仕様書	測定規定J 測定仕様書

(2) 3DAモデル

図表4.50　CATに取り込まれたボス（穴）幾何公差PMI

CATで表示確認だけでなく、樹脂部品計測CATデータの作成に利用できる。

ボス（穴）幾何公差を考慮して計測DTPDを作成する。最初に、計測の基準点となるデータム座標系を定義して、**図表4.51**に示すように樹脂部品の固定方法を検討する。樹脂部品のデータム座標系は、データムA、データムB、データムCから構成される三平面データム系である。CMM（三次元測定機）に設定された定盤の上に、固定治具を用意して、これをデータムAとデータムBとし、CMM（三次元測定機）の測定軸の上下方向にデータムCを設定して樹脂部品を固定する。

次に、ボス（穴）の測定方法を検討する。**図表4.52**に示すように、ボス（穴）には、穴のサイズ公差と穴の中心軸に対する位置度公差の指示が検出される。穴のサイズ公差では、直径Φ5.0の穴の形体が公差域（±0.15）に入っている必要がある。穴の中心軸に対する位置度公差では、穴の中心軸であるデータムCに対し

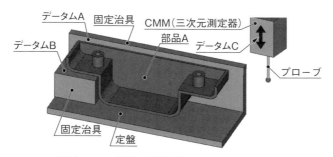

図表4.51　幾何公差測定のための部品固定

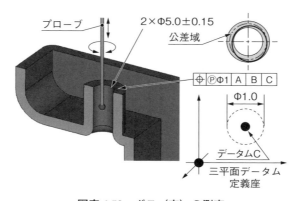

図表4.52　ボス（穴）の測定

て、実際の穴の中心軸が公差域 Φ1.0 内に入っている必要がある。これらのサイズ公差と位置度公差が満たされているかどうか確認するために、CMM（三次元測定機）のプローブを使って、穴の測定箇所の座標と個数を決める。

穴の測定箇所の座標と個数は、測定規定や測定基準を参照して決定する。その際に、参照すべき測定規定や測定基準をリンク（関連情報）によって直接確認できるので、効率的である。また、穴の測定箇所の座標が、サイズ公差の公差域に入っているかどうか、位置度公差の公差域に入っているかどうかを評価する。その際にも、設計値（公差域と基準）を再入力せずに使用できるので、効率的である。

データムターゲットの設計情報を図表 3.41 と図表 3.42 で示したが、これを CAT に取り込んだ設計情報を**図表 4.53** に示す。データムターゲットの設計情報は、CAT で表示確認だけでなく、樹脂部品計測 CAT データの作成に利用できる。

データムターゲットを考慮して計測 DTPD を作成する。繰り返しになるが、データムターゲットとは、データムを設定するために、加工・計測・検査用の装置・器具などに接触させる対象物上の点、線または限定した領域である。

CMM（三次元測定機）を使って測定方法を検討する時に、プローブをデータムターゲットに当てる必要がある。**図表 4.54** では、A1 という名前で、直径 2.0 mm の円領域をデータムターゲットとしている。測定者がデータムターゲット A1 を使って測定するという測定指示を確認した場合、測定者は CAT でデータム A1 の領域を示す補助形状を求めて、補助形状が示す領域内にプローブが当たるように測定方法を作成する。補助形状を CAT で再入力せず使用できるので、

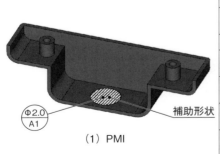

	全体	データムターゲット A1
3D モデル	データム座標系 形状定義座標系	補助形状（円） データム平面
PMI		データムターゲット
属性		データムターゲット 領域（円）
マルチビュー	公差指示ビュー 測定ビュー	
2D ビュー	公差指示ビュー 測定ビュー	
リンク （関連情報）		測定規定 測定仕様書

(1) PMI　　　　　　　　　　　　(2) 3DA モデル

図表 4.53　CAT に取り込まれたデータムターゲット PMI

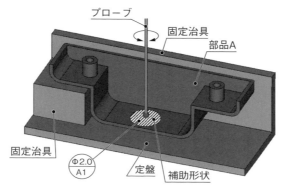

図表 4.54　データムターゲットの利用

効率的である。

［7］　金型加工・射出成形から筐体設計へフィードバック

　DTPD 事例では、金型加工・射出成形 DTPD から樹脂部品 3DA モデルへフィードバックすることもある。代表例が問題点連絡票である。問題点連絡票は、金型設計・金型加工・成形トライにおいて問題が発生した場合、金型メーカーで問題箇所と内容（例えば、金型加工ができない・樹脂流動が悪いなど）をまとめた資料である。**図表 4.55** に示すように、加工者は金型または成形品の問題点箇所を写真撮影または画像キャプチャーして、部品番号、発生日時、問題点の内容を書

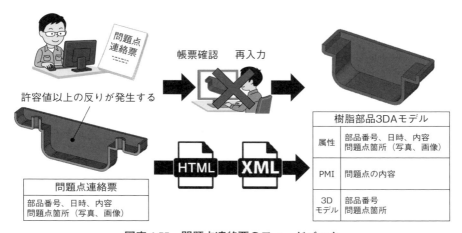

図表 4.55　問題点連絡票のフィードバック

いて、問題点連絡票を作成する。問題点連絡票はドキュメントである。設計者はその問題点連絡票を確認して、3次元CADで部品に問題点箇所と内容を再入力する。再入力では効率が悪いばかりか、誤った情報を入力することも考えられる。

そこで、問題点連絡票にXMLを使った。**図表4.56**に示すように、加工者がMicrosoft Wordを使って問題点連絡票を作成し、HTML形式で出力し、データ変換したXML形式で設計者に送る。設計者は、3次元CADで問題点連絡票を読み込み、樹脂部品3DAモデルの属性に取り込むことができる。問題点の内容をPMIで作成し、部品番号の3Dモデルの問題点箇所にPMIを設定する。設計者が、樹脂部品3DAモデルを見ることで、効率的に問題点を解決して設計変更を考え

(1) 問題点連絡票(Microsoft Word)

(2) HTMLファイル

(3) XMLファイル

図表4.56　XMLによる問題点連絡票の作成

第4章　3DAモデルからDTPDを作成し現場活用する：設計情報とものづくり情報の連携　195

ることができる。問題点と設計変更は樹脂部品の設計ノウハウとなり、樹脂部品3DAモデルを流用する時に設計ノウハウを活用できる。

［8］　ものづくりプロセス、3次元設計手法と運営ルールの強化

デジタル家電製品のDTPD事例では、これまで説明してきたように、製品開発プロセスのものづくり情報を分析して、3DAモデルからDTPDを作成し、ものづくり工程で必要なデータを有機的に結合し、ものづくり工程が実施できるDTPDを確定した。

製品設計とコンカレントエンジニアリングで連携した金型設計・金型加工・射出成型、機械設計と連携した電気電子設計、機械設計と連携した計測で、どのものづくり情報を、どの単位で、どのように作成して、どのスキーマに入力するのかを、ものづくりプロセスとDTPD作成手法にまとめた。さらにデジタル家電製品のDTPDの定義、3DAモデルの確認、DTPDに入力するものづくり情報のデータ種類、単位、内容、情報オーナーを運営ルールに追加した。

デジタル家電製品の3DAモデルからDTPDを作成し、DTPDでものづくり工程を行うことに関して、設計情報のデータ種類、単位、内容、情報オーナーを追加および変更を行った。また、DTPDを効率的に作成と活用するために、製品設計時に盛り込むものづくり情報も明確にできた。これらを、デジタル家電製品の3次元設計手法に追加した。

［9］　効果

デジタル家電製品の金型加工・射出成形・計測DTPD適用の効果を**図表4.57**に示す。3次元設計時のものづくり工数（図表2.30参照）と同様に、製品設計と金型設計のコンカレントエンジニアリングにより、出図前からものづくり工数が発生する。

3DAモデルでは、出図が前倒しになるので、ものづくり工数のピークを前倒しできた。また、3DAモデルでは、ものづくり工程に必要な設計情報が集約されているので、設計情報確認の工数が減る。デジタル化された設計情報を、CAM、CAT、デジタルマニュファクチャリングツールにそのまま取り込めるので、設計情報の再入力の必要がなく、設計情報をものづくりDTPD作成作業に直接利活用できるので、出図前後のものづくり工数のピークが減った。

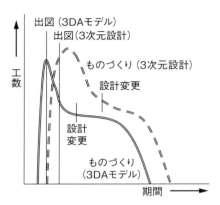

図表 4.57　ものづくり工数（金型加工・射出成形・計測）の推移

　デジタル家電製品では、製品設計と金型設計のコンカレントエンジニアリングをより促進するために、デジタル家電製品の製品特徴を考えて、金型構造および部品の標準化を推進した。樹脂部品 3DA モデルの設計情報と金型加工・射出成形 DTPD のものづくり情報を関連させており、ものづくり情報を自動生成している範囲も大きい。さらに、ものづくり工数のピークが減ると同時に、ものづくり期間も短縮できる。

　3DA モデルとものづくり DTPD は、要素間連携しているので、3DA モデルに施された設計変更がものづくり DTPD にも反映される。設計変更に応じたものづくり DTPD 変更の工数が削減されるので、設計変更時の工数のピークが減った。

4.13　受注製品「社会産業機器」の DTPD 事例：具現化と効果

　2つ目の事例として、受注製品「社会産業機器」のDTPD事例を説明する。3.15 の受注製品「社会産業機器」の 3DA モデル事例では、機械設計の設計情報を 3DA モデルにまとめた。3次元設計で 3D データを共有して活用することで、社会産業機器の目標が達成できたように、3DA モデルも共有して活用したい。

[１]　ものづくり情報分析

　社会産業機器の３次元設計における製品開発プロセスおよび電気設計とソフト

第4章 3DAモデルからDTPDを作成し現場活用する:設計情報とものづくり情報の連携

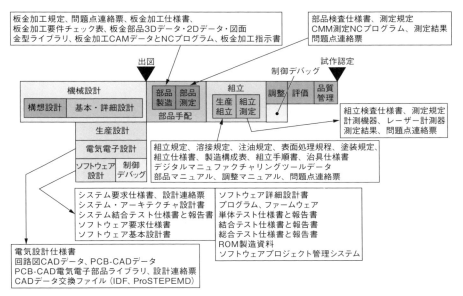

図表 4.58　社会産業機器のものづくり情報分析

ウェア設計の成果物とものづくり工程(製造と生産組立)の成果物を**図表 4.58**に示す。これは、2.9(2)の社会産業機器の電気電子設計とソフトウェア設計と部品製造(板金加工)と生産組立における成果物を調べたものである。成果物は、自工程後に次工程で提出される成果物、自工程で参照されるものと自工程の仕掛かりものからなる。

社会産業機器の事例において、電気電子設計とソフトウェア設計の成果物から抜き出したものづくり情報の一部を**図表 4.59**に示す。電気電子設計は、仕様検討、回路設計、基板設計に大きく分かれる。仕様検討では、機械設計の機器全体の動作(構想図)と部品の種類と個数から、制御回路の構成、駆動負荷計算、使用可能な電気電子部品リスト作成、大雑把な基板形状を検討して、電気電子設計仕様書にまとめる。回路設計では、回路設計CADで、制御回路の構成と駆動負荷計算結果から、駆動回路データと制御回路データ、電気電子部品の使用リストを作成する。これらが、回路設計CADデータとなる。基板設計では、PCB–CADで、駆動回路データと制御回路データに、電気電子部品を実装して、プリント基板(PCB:Printed Circuit Board)を設計する。これらが、PCB–CADデータとなる。PCB–CADデータからプリント基板を製造する。

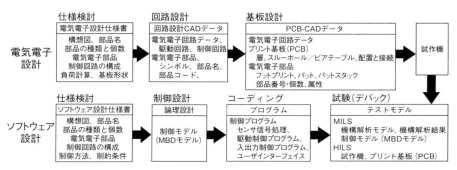

図表 4.59　電気設計とソフトウェア設計の成果物から抜き出したものづくり情報の一部

　ソフトウェア設計は、仕様検討、制御設計、コーディング、試験（デバッグ）に大きく分かれる。仕様検討では、機械設計の機器全体の動作（構想図）と部品の種類と個数から、電気電子設計の制御回路の構成と駆動負荷計算結果と電気電子部品リストから、制御方法と制約条件を検討して、ソフトウェア設計仕様書にまとめる。制御設計では、制御方法と制約条件から、プログラムの動作振る舞いを示す制御モデル（MBD モデル；Model Based Development）を作成する。コーディングでは、制御モデルからプログラム記述言語で制御プログラムを作成する。制御プログラムは、社会産業機器の状態を知るセンサからの信号処理、駆動回路の制御、機構部品に対する入出力制御、グラフィカルなユーザーインターフェイスなどから構成される。試験（デバッグ）では、制御プログラムの機能性能を検証する。当初は、機械設計と電気電子設計が完了しておらず、試作機が製造されていない。そこで、3DA モデルと機構解析モデルと制御モデル（MBD モデル）を組み合わせた仮想デバッグ環境（MILS：Model In the Loop Simulation）を使用する。試作機完成後は、制御プログラムを組み込んだ実機デバッグ環境（HILS：Hardware In the Loop Simulation）を使用する。

　板金加工の成果物から抜き出したものづくり情報の一部を図表 4.60 に示す。社会産業機器では、板金部品が多く使用されている。板金部品の設計情報に加工要件を織り込み、更に板金部品を平板状に展開して、加工要件を織り込み、板金加工 CAM データを作り、板金加工 NC データと板金加工指示書と板金加工発注手配書を作る。

　板金加工 CAM データは、板金部品 3DA モデルに加工要件を加えた板金加工 DTPD で、板金部品、属性、管理情報で構成される。板金加工 NC データは、レ

第4章 3DAモデルからDTPDを作成し現場活用する：設計情報とものづくり情報の連携　199

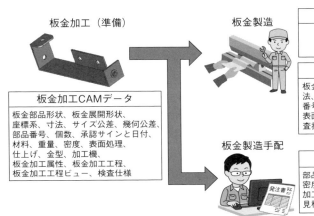

図表 4.60　板金加工の成果物から抜き出したものづくり情報の一部

ーザー加工と曲げ加工をするために金型と加工機を制御するデータである。板金加工指示書は、素材の取り付けや手作業など加工者に対する指示事項である。板金加工発注手配書は、生産管理に板金加工と納品の手配を依頼する帳票である。

　生産組立の成果物から抜き出したものづくり情報の一部を**図表4.61**に示す。デジタルマニュファクチャリングツールで、部品構成（設計構成、機器構造とも呼

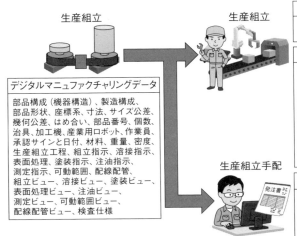

図表 4.61　生産組立の成果物から抜き出したものづくり情報の一部

ぶ）から製造構成を作成し、組立要件を織り込み、部品取付、配線配管、溶接、表面処理、塗装などの組立方法と組立手順を検討し、生産設備と生産リソースを加えて工程設計を行い、デジタルマニュファクチャリングデータを作り、産業ロボット NC データと組立手順書と生産組立発注手配書を作る。

デジタルマニュファクチャリングデータは、組立品 3DA モデルに組立要件を加えた生産組立 DTPD であり、組立品、指示、工程情報、管理情報で構成される。産業ロボット NC データは、組立と溶接と塗装するために産業ロボットを制御するデータである。組立手順書は、生産管理者と組立者に対する指示事項である。生産組立発注手配書は、生産管理に生産組立と組立品の納品の手配を依頼する帳票である。

［2］　3DA モデルとものづくり情報の連携

社会産業機器の 3DA モデルとものづくり情報の連携を**図表 4.62** に示す。構想設計と基本設計と詳細設計では、設計仕掛かり中の社会産業機器 3DA モデルと、電気電子設計の回路設計 CAD データと PCB-CAD データと、ソフトウェア設計の制御プログラムと試験（デバッグ）データで、機構部品の動作と制御方法と駆動方法に関する設計情報を交換する必要がある。

社会産業機器の部品製造で最も多い板金加工では、板金部品 3DA モデルから

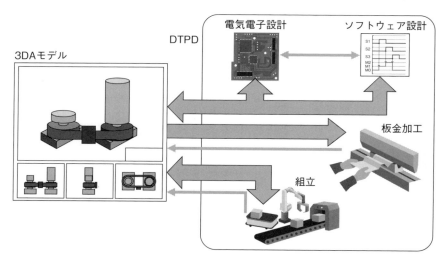

図表 4.62　社会産業機器の 3DA モデルと DTPD

板金加工 DTPD を作成する。板金加工方法と手配の手順は変更していないので、3DA モデルから板金加工 CAM データを作成し、板金加工 NC データ、板金加工手順書、板金加工発注手配書を作成する。

社会産業機器の生産組立では、3DA モデルから生産組立 DTPD を作成する。生産組立方法と手配の手順は変更していないので、3DA モデルから、デジタルマニュファクチャリングデータを作り、産業ロボット NC データと組立手順書と生産組立発注手配書を作成する。

［3］ 機械設計と電気電子設計とソフトウェア設計の連携

社会産業機器 3DA モデルと電気電子設計 DTPD とソフトウェア設計 DTPD の連携を**図表 4.63** に示す。これは、ものづくり情報分析の電気電子設計の成果物、ソフトウェア設計の成果物、機器全体の動作と重要機構部品と機器構造と部品の 3DA モデル、ビューワデータ（社会産業機器の機器構造と動作を可視化したもの）で、設計情報の関係を示している。

DTPD 事例の機械設計と電気電子設計とソフトウェア設計の連携は、3 段階の

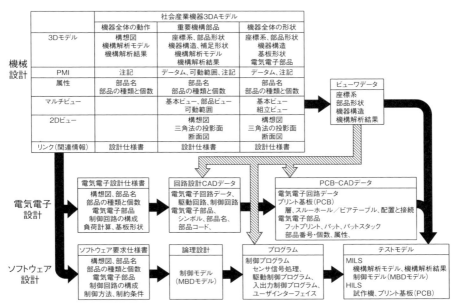

図表 4.63　機械設計と電気電子設計とソフトウェア設計での 3DA モデルと DTPD の連携

作業に分類できる。

① 機械設計の構想設計で機器全体の動作を決定して、電気電子設計の回路設計で制御回路の構成を検討し、ソフトウェア設計で制御方法を検討する。
② 機械設計の基本設計で重要な機構部品と部品配置を決定して、電気電子設計の基板設計で電気電子部品と基板を決定し、ソフトウェア設計で制御回路から制御プログラムを決定する。
③ 機械設計の詳細設計で部品形状（部品図）と機器構造（組立図）を決定して、電気電子設計でプリント実装基板試作ものづくり情報を作成させ、ソフトウェア設計で試作制御プログラムを作成する。

ベルト搬送ユニットの機械設計と電気電子設計とソフトウェア設計の連携の事例を図表4.64に示す。ベルト搬送ユニットは、社会産業機器の一部である。

機械設計の構想設計で、直径Dのローラとベルトで搬送系を構成し、媒体を搬送することを決めた。これで、ローラの回転速度Nが計算できる。媒体の質量mとベルトの摩擦係数µと外力Fから負荷トルクTが計算できる。回転速度Nと負荷トルクTから出力Pが計算できる。電気電子設計では、ベルト搬送からDCモータによる駆動方法を決定して、出力PからDCモータを選定して、DCモータの駆動に必要な電源容量を計算するなどして、DCモータを駆動する電気電子回路を作成し、DCモータと電源とパルス振動子とトランジスタをプリント基板上に配してプリント実装基板を作成する。

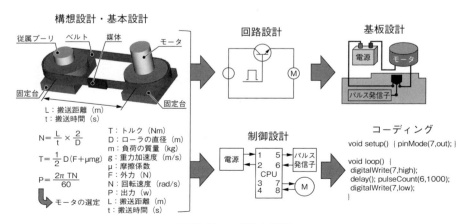

図表4.64　ベルト搬送

ソフトウェア設計では、ベルト搬送をDCモータ駆動／停止する制御方式を選択して、CPUによる制御方法を決定する。ベルトの距離Lと時間tからパルス振動のカウントを計算する。制御プログラムをコーディングする。制御プログラムは、CPUの端子7にモータへ出力を定義して、端子7にHighレベルを設定して、端子6にパルス振動子から1000個のパルス信号が来た時に、端子7にLowレベルに設定して、モータを止める。

［4］ 板金加工のDTPD

3DAモデルとDTPDの連携を**図表4.65**に示す。板金加工では、板金部品3DA

3D モデル	PMI	属性	マルチビュー	2Dビュー	リンク （関連情報）
製品形状 座標系 補足形状	データム 重要管理寸法 サイズ公差 幾何公差 板金加工要件 溶接指示 表面処理 塗装指示 注記	材質 マスプロパティ リリースレベル バージョン 出図管理表 設計変更情報 3Dモデル管理表 パーツリスト ビューワデータ名	アイソメ図 板金加工ビュー 溶接ビュー 表面処理ビュー 塗装ビュー 測定ビュー	三角法の 投影面 断面図	設計仕様書 DR記録 測定結果 製造性問題 リリースレベル内容 問題点連絡票 設計変更指示書 コスト情報 板金CAD/CAM

板金加工 CAM データ	板金部品形状、板金展開形状、座標系、寸法、サイズ公差、幾何公差、部品番号、個数、承認サインと日付、材料、重量、密度、表面処理、仕上げ、金型、加工機、板金加工属性、板金加工工程、板金加工工程ビュー、検査仕様		板金 加工 工程 専門 データ	板金加工要件織り込み、標準金型、金型・特型、製造性問題点連絡票と解決、板金部品検査仕様、板金加工方法、ブランク加工機、ベンディング加工機、溶接方法、表面処理方法、塗装方法

板金加工 NC データ	レーザー加工 NCデータ、 曲げ加工NC データ、金型、 加工機	板金加工 指示書	板金部品形状、板金展開形状、寸法、サイズ公差、幾何公差、部品番号、個数、材料、重量、密度、表面処理、仕上げ、加工指示、検査指示、板金加工工程ビュー	板金 加工 発注 手配書	部品番号、個数、材料、重量、密度、表面処理、仕上げ、加工指示、検査指示、納期、見積コスト

図表4.65　板金部品3DAモデルから板金加工DTPDを作成

モデルの設計情報の加工要件を確認し、板金部品 3D モデルを平板状に展開して、板金部品の設計情報に、更に板金部品加工要件を織り込み、板金加工 CAM データを作る。板金 CAM を使用して、板金加工者が板金部品 3DA モデルの加工要件を確認する。加工要件は、ヘミング曲げなどの曲げ形状、バーリングなどの定型形状、バリやマッチングなどの製造要件指示などである。板金部品 3D モデルを平板状に展開して、不足している加工要件を織り込む。この際、板金加工方法、標準金型、金型・特型、ブランク加工機、ベンディング加工機、溶接方法、表面処理方法、塗装方法、板金部品検査仕様、板金加工のノウハウなど板金加工工程専門データが活用される。

板金加工 CAM データには、板金部品形状、板金展開形状、座標系、寸法、サイズ公差、幾何公差、部品番号、個数、承認サインと日付、材料、重量、密度、表面処理、仕上げ、金型、加工機、板金加工属性、板金加工工程、板金加工工程ビュー、検査仕様が含まれる。板金 CAM で、板金加工 CAM データから板金加工 NC データと板金加工指示書と板金加工発注手配書を作成する。

板金加工 NC データは、ブランク加工機、ベンディング加工機、自動溶接機に送られ、金属素材を加工して板金部品を加工する。板金加工 NC データはマシンリーダブルであり、ヒューマンリーダブルではない。そのため、板金加工者は、ヒューマンリーダブルである板金加工指示書を見て、板金部品の情報、板金加工手順と指示事項を確認する。

板金加工と納品を加工部門に発注する板金加工発注手配書も作成する。発注作業の効率化と発注内容の正確さを考えて、板金加工 CAM データから依頼事項、作業と納品の条件を取り出して作成する。

代表例として、バーリングとマッチング不可を説明する。

バーリングは、成形加工方法の一種で、素材に穴をあけ、その穴の縁を円筒状に伸ばす加工のことを指す。**図表 4.66** に示すように、下穴と呼ばれる穴を板材に開けた後、円錐形状の型を通すことによって、穴を広げながら円筒状に伸ばす。一般的には、薄い板にネジ加工をしたい時にネジ山を確保するために利用されている。

3DA モデルのバーリングの設計情報を、板金 CAM に取り込んだ設計情報を**図表 4.67** に示す。バーリング PMI はセマンティック PMI であり、関連する設計情報と要素間連携している。バーリングを施す穴は、部品 A の形状として、存在す

第4章　3DAモデルからDTPDを作成し現場活用する：設計情報とものづくり情報の連携　205

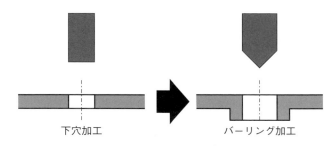

図表 4.66　バーリング加工

	全体	部品Aの穴	バーリング
3Dモデル	形状定義座標系	形状、面、穴、大きさ位置、方向	
PMI			バーリング
属性		穴の識別番号 面の識別番号	バーリング
マルチビュー	板金加工ビュー		
2Dビュー	板金加工ビュー		
リンク（関連情報）			板金部品ガイドライン（バーリング）

図表 4.67　板金 CAM に取り込まれたバーリング PMI

る面と位置と方向と大きさが 3D モデルに書かれている。バーリング PMI には直接書かれていないが、属性に穴フィーチャの識別番号と面の識別番号が書かれている。バーリング PMI がバーリングを指示していることは PMI のテキストにも書かれているが、これではヒューマンリーダブルになるので、マシンリーダブルとするために、バーリングとして属性に書かれている。バーリングの形状や位置を判り易く見るために、マルチビューと 2D ビューに板金加工ビューが定義されている。バーリング PMI の定義と解説は、リンク（関連情報）から参考資料を見ることができる。バーリングに関わる設計情報は、板金 CAM で表示確認だけでなく、板金加工 CAM データの作成に利用できる。

　板金 CAM では、**図表 4.68** に示すように、バーリング PMI に基づき、バーリング穴の直径 D、板厚 T、バーリングの高さ H から、計算式を使って、下穴径を計算する。下穴径により下穴を開ける工具を決定する。穴の直径 D、板厚 T、バ

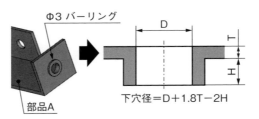

図表 4.68　下穴径の計算

ーリングの高さHからバーリングを作る工具を決定する。部品Aの展開形状でのバーリングの位置と方向、下穴径、下穴を開ける工具、バーリング穴の直径D、板厚T、バーリングの高さH、バーリングを作る工具を、板金加工NCプログラムに組み込む。

図表3.54で示したマッチング不可PMIを、板金CAMに取り込んだ設計情報を**図表4.69**に示す。マッチング不可に関わる設計情報は、板金CAMで表示確認だけでなく、板金CAMデータの作成に利用できる。

ブランク加工では、**図表4.70**に示すように、様々な金型を使って、金属素材から部品Aの展開形状を切り出す。

金型の組合せによっては、**図表4.71**に示すようにマッチングが発生する。最初の金型と2回目の金型が交叉して作られる部分が発生し、段差やバリが発生して外観に影響する。点aから点bまでマッチング不可になっており、これが板金CAMで表示され、合わせて警告メッセージが出る。

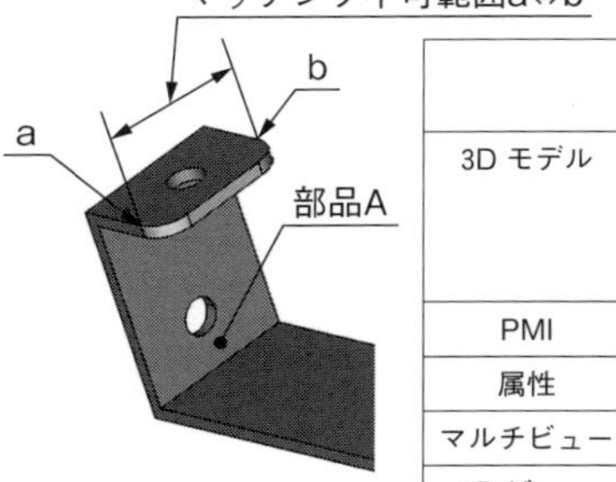

	全体	部品A	a	b	マッチング不可範囲
3Dモデル	形状定義座標系	形状	補助形状（点）位置方向	補助形状（点）位置方向	補助形状（稜線、面）位置方向
PMI					
属性					マッチング不可
マルチビュー	板金加工ビュー				
2Dビュー	板金加工ビュー				
リンク（関連情報）					

図表 4.69　板金CAMに取り込まれたマッチング不可PMI

第4章 3DAモデルからDTPDを作成し現場活用する：設計情報とものづくり情報の連携　207

図表 4.70　ブランク加工

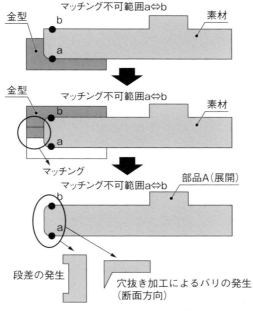

図表 4.71　マッチングの発生

　板金加工者は、板金CAMでマッチング不可の表示と警告メッセージから、金型選定を変更する。例えば、**図表 4.72**に示すように、最初に金型で直線部を切り離し、2番目の金型で点aのR部を作成し、3番目の金型で点bのR部を作成すれば、マッチングを回避できる。

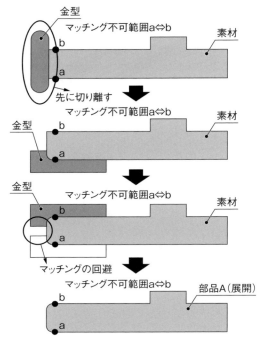

図表 4.72　マッチングの回避

［5］　生産組立の DTPD

　3DA モデルと DTPD の連携を**図表 4.73** に示す。生産組立では、生産組立者がデジタルマニュファクチャリングツールを使って、組立品 3DA モデルの設計情報の組立要件を確認し、部品構成から製造構成を作成し、組立要件を織り込み、組立方法と組立手順を検討し、生産設備と生産リソースを加えて工程設計を行い、デジタルマニュファクチャリングデータを作成する。この際、組立・溶接・表面処理・塗装・注油・測定の要件織り込み、BOP（部品またはユニット組立手順）、製品全体の組立方法、溶接・表面処理・塗装・注油・測定の方法、組立性・溶接・表面処理・塗装・注油・測定の問題点連絡票と解決、組立・溶接・表面処理・塗装・注油・測定の検査仕様、組立ロボット、溶接ロボット、塗装ロボット、工具、治具、生産前準備、工場レイアウト、生産組立のノウハウなど生産組立工程専門データが活用される。

　デジタルマニュファクチャリングツールで、デジタルマニュファクチャリング

第4章 3DAモデルからDTPDを作成し現場活用する：設計情報とものづくり情報の連携

3D モデル	PMI	属性	マルチビュー	2Dビュー	リンク（関連情報）
製品形状 データム座標系 形状定義座標系 部品構成 補足形状	データム 重要管理寸法 サイズ公差 幾何公差 はめ合い 組立指示 溶接指示 表面処理 塗装指示 注油指示 測定指示 可動範囲 配線配管 注記	材質 マスプロパティ リリースレベル バージョン 出図管理表 設計変更情報 3Dモデル管理表 パーツリスト ビューワデータ名 治具	アイソメ図 組立ビュー 溶接ビュー 表面処理ビュー 塗装ビュー 注油ビュー 測定ビュー 可動範囲 配線配管ビュー 測定ビュー	三角法の投影面 断面図	設計仕様書FMEA DR記録 測定結果 製造性問題 組立性問題 保守性問題 リリースレベル内容 問題点連絡票 設計変更指示書 生産計画 コスト情報

| デジタルマニュファクチャリングデータ | 部品構成（機器構造）、製造構成、部品形状、座標系、寸法、サイズ公差、幾何公差、はめ合い、部品番号、個数、治具、加工機、産業用ロボット、作業員、承認サインと日付、材料、重量、密度、生産組立工程、組立指示、溶接指示、表面処理、塗装指示、注油指示、測定指示、可動範囲、配線配管、組立ビュー、溶接ビュー、塗装ビュー、表面処理ビュー、注油ビュー、測定ビュー、可動範囲ビュー、配線配管ビュー、検査仕様 | | 生産組立工程専門データ | 組立要件織り込み、溶接要件織り込み、表面処理要件織り込み、塗装要件織り込み、注油要件織り込み、測定要件織り込み、BOP（部品またはユニット）、製品全体の組立方法、溶接方法、表面処理方法、塗装方法、注油方法、測定方法、組立性問題点連絡票と解決、溶接問題点連絡票と解決、表面処理問題点連絡票と解決、塗装問題点連絡票と解決、注油問題点連絡票と解決、測定問題点連絡票と解決、組立検査仕様、溶接検査仕様、表面処理検査仕様、塗装検査仕様、注油検査仕様、査仕様、組立ロボット、溶接ロボット、塗装ロボット、治具、生産前準備、工場レイアウト |

| 産業ロボットNCデータ | 組立NCデータ、溶接NCデータ、塗装NCデータ、工具、ロボット、治具 | 組立手順書 | 製造構成、部品形状、座標系、寸法、サイズ公差、幾何公差、はめ合い、部品番号、個数、治具、加工機、産業用ロボット、作業員、生産組立工程、組立指示、溶接指示、表面処理、塗装指示、注油指示、測定指示、可動範囲、配線配管、組立ビュー、溶接ビュー、塗装ビュー、表面処理ビュー、注油ビュー、測定ビュー、可動範囲ビュー、配線配管ビュー、検査仕様 | 生産組立発注手配書 | 製造構成、個数、材料、重量、密度、生産組立工程、組立指示、溶接指示、表面処理、塗装指示、注油指示、測定指示、可動範囲、配線配管、納期、見積コスト |

図表4.73　社会産業機器3DAモデルと生産組立DTPDの連携

データから産業ロボットNCデータと組立手順書と生産組立発注手配書を作成する。産業ロボットNCデータは、組立ロボットと溶接ロボットと塗装ロボットに送られ、部品を組み立て、溶接と塗装する。産業ロボットNCデータはマシンリーダブルであり、ヒューマンリーダブルではない。また、生産組立者の手作業も入っていない。そのため、生産組立者は、ヒューマンリーダブルである組立手順書を見て、部品の情報、生産組立手順と指示事項を確認する。

代表例として、注油指示PMIと組立指示PMIと計測指示PMIを説明する。**図表4.74**に示すように、注油指示PMIは、機能性能の観点から、設計者が組立者にグリスを注油指示するものである。注油指示PMIの設計情報を、デジタルマニュファクチャリングツールに取り込んだ設計情報を**図表4.75**に示す。注油領域の

	部品名	部品番号
①	負荷軸	部品A
②	負荷プーリ	部品D
③	負荷ベース	部品C
④	モータ軸	部品B
⑤	モータプーリ	部品E
⑥	モータベース	部品F
⑦	ベルト	部品G
⑧	メディア	部品H

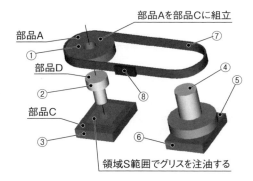

図表4.74　組立指示PMIと注油指示PMI

部品Cの領域S　範囲　で　グリス　を　注油する

	全体	部品Cの領域S	範囲	グリス	注油する
3Dモデル	形状定義座標系	形状 面の形状 位置			
PMI					
属性			内側	種類 品名	注油
マルチビュー	注油ビュー				
2Dビュー	注油ビュー				
リンク（関連情報）				カタログ（適量）	

図表4.75　デジタルマニュファクチャリングツールに取り込まれた注油指示PMI

第4章　3DAモデルからDTPDを作成し現場活用する：設計情報とものづくり情報の連携　　211

部品Cの領域Sは、部品Cの補助形状として、面の形状と位置が3Dモデルに含まれる。組立品3DAモデルを注油ビューで表示して、領域Sを目視確認する。属性により、領域の内側に、種類と品名が指定されたグリスを注油する。リンクされているカタログで、グリスの適量や注意事項を調べられる。組立員は、これらの設計情報を元に、注油手順を、産業ロボットNCプログラムと組立手順書に組み込む。

　組立指示PMIは、機能構造の観点から、設計者が組立者に組立手順や組立時の注意事項を示している。組立指示PMIの設計情報を、デジタルマニュファクチャリングツールに取り込んだ設計情報を**図表4.76**に示す。組立は、部品Aの下軸部分を部品Cの穴に挿入する。部品と挿入方向は、2つの部品のデータム軸直線を一致させることで得られる。部品と挿入位置は、部品A下部の中心座標と部品C底面の中心座標を一致させることで得られる。公差（はめ合い）は、部品Aと部品Cの中心軸には位置度公差が指示され、その基準にデータム座標系が与えられている。部品Aと部品Cの部品名と部品番号は属性に書かれている。組立員は、これらの設計情報を元に、組立手順を、産業ロボットNCプログラムと組立手順書に組み込む。

　組立指示PMIと注油指示PMIは、設計構成の組立品に指示している。社会産業機器の組立は、設計構成を製品の調達・製造・組立に応じて変更した製造構成を対象に行われる。組立品3DAモデルの設計構成を、**図表4.77**に示す。組立品3DAモデルの設計構成は、構想設計、基本設計、詳細設計で順次作成する。構想

部品A　を　部品C　に　組立

	全体	部品A	部品C	組立
3Dモデル	形状定義座標系 データム座標系	形状（中心軸） データム直線 部品A下部の中心座標	形状（中心軸） データム直線 部品C底面の中心座標	
PMI		位置度公差	位置度公差	
属性				組立
マルチビュー	組立ビュー			
2Dビュー	組立ビュー			
リンク （関連情報）				

図表4.76　デジタルマニュファクチャリングツールに取り込まれた組立指示PMI

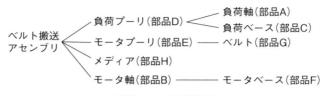

図表 4.77　設計構成

- 負荷ベース（部品 C）＝1
- 負荷プーリ（部品 D）＜負荷ベース（部品 C）
- 負荷軸（部品 A）＜負荷ベース（部品 C）and　負荷プーリ（部品 D）
- モータプーリ（部品 E）＝1
- モータベース（部品 F）＜モータプーリ（部品 E）
- モータ軸（部品 B）＜モータプーリ（部品 E）and　モータベース（部品 F）
- ベルト（部品 G）＜メディア（部品 H）
- 負荷プーリ（部品 D）and　モータプーリ（部品 E）＜ベルト（部品 G）

　【凡例】　a＜b：a より b が先、c＝1：c が最初

図表 4.78　BOP（Bill of Process）

　設計で、基本計算ができるように、負荷プーリ（部品 D）とモータプーリ（部品 E）とメディア（部品 H）を組む。基本設計で、機構の駆動を考え、モータ軸（部品 B）と負荷軸（部品 A）を組む。詳細設計で、部品の固定を考え、負荷ベース（部品 C）とモータベース（部品 F）とベルト（部品 G）を組む。

　部品には、図表 4.78 に示すような BOP（Bill of Process：製造行程表）がある。負荷軸（部品 A）は、負荷ベース（部品 C）と負荷プーリ（部品 D）より先に組み立てられる。負荷プーリ（部品 D）は、負荷ベース（部品 C）より先に組み立てられる。負荷ベース（部品 C）が、最初に組み立てられる。モータ軸（部品 B）は、モータプーリ（部品 E）とモータベース（部品 F）より先に組み立てられる。モータベース（部品 F）は、モータプーリ（部品 E）より先に組み立てられる。モータベース（部品 F）が、最初に組み立てられる。負荷プーリ（部品 D）とモータプーリ（部品 E）は、ベルト（部品 G）より先に組み立てられる。ベルト（部品 G）は、メディア（部品 H）より先に組み立てられる。

　設計構成に BOP を適用して、並べ替えたものが、図表 4.79 に示す製造構成である。最初に負荷ユニットを組み立てて、次にモータユニットを組み立てて、ベルト（部品 G）を組み立て、最後にメディア（部品 H）を組み立てる。組立指示 PMI「部品 A を部品 C に組立」は、製造構成で満たされている。注油指示 PMI「部品 C の領域 S 範囲でグリスを注油する」は、図表 4.75 に示した注油指示 PMI

第4章 3DAモデルからDTPDを作成し現場活用する：設計情報とものづくり情報の連携　213

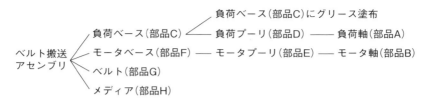

図表 4.79　製造構成

図表 4.80　デジタルマニュファクチャリングツールに取り込まれた計測指示 PMI

の属性「組立前」の条件があるので、負荷ユニットが組み立てられる前に、負荷ベース（部品 C）作業として指示される。

　図表 4.80 に示すように、計測指示 PMI は、組立品の軸間距離の測定を指示している。指示は、負荷軸とモータ軸の部品単体の軸間距離になっている。実際には、負荷軸は負荷ユニットに組み込まれ、モータ軸は、モータユニットに組み込まれ、負荷ユニットとモータユニットは、ベルト搬送アセンブリに組み込まれた状態になっている。計測指示 PMI の設計情報は、**図表 4.81** に示すように、負荷ユニットを構成する負荷軸と負荷プーリと負荷ベース、モータユニットを構成するモータ軸とモータプーリとモータベースの設計情報から構成される。

　計測は、単に負荷軸とモータ軸の部品単体の軸間距離を計るのではなく、測定規定と測定仕様書に従って、**図表 4.82** と **図表 4.83** に示すように、部品構成を考えて測定する。負荷ベースの穴の円筒度、負荷プーリの穴の円筒度、負荷軸の円筒度を、CMM（三次元測定機）で測定する。負荷ユニット全体が幾何公差指示を満足していることを確認する。次に、モータベースの穴の円筒度、モータプーリの穴の円筒度、モータ軸の円筒度を、CMM（三次元測定機）で測定する。モータユニット全体が幾何公差指示を満足していることを確認する。最後に、ベルト搬送アセンブリが組み立てられた後で、負荷軸とモータ軸の軸間距離をレーザト

	全体	負荷ユニット	モータユニット	距離の測定	L 以内
3D モデル	形状定義座標系 データム座標系	負荷軸形状 負荷プーリ形状 負荷ベース形状 部品構成	モータ軸形状 モータプーリ形状 モータベース形状 部品構成		
PMI		負荷軸の円筒度公差 負荷プーリの円筒度公差 負荷ベースの円筒度公差	モータ軸の円筒度公差 モータプーリの円筒度公差 モータベースの円筒度公差		
属性				測定 測定の内容 測定の場所 測定の方向	合格範囲 測定結果 測定日時
マルチビュー	測定ビュー				
2D ビュー	測定ビュー				
リンク（関連情報）				測定規定 測定仕様書	

図表 4.81　計測指示 PMI の設計情報

負荷ベース（部品C）穴の円筒度測定　　モータベース（部品F）穴の円筒度測定
↓
負荷プーリ（部品D）穴の円筒度測定　　モータプーリ（部品E）穴の円筒度測定
↓
負荷軸（部品A）軸の円筒度測定　　モータ軸（部品F）軸の円筒度測定
↓
ユニットaとユニットbの距離測定

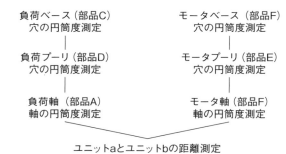

図表 4.82　計測の順番

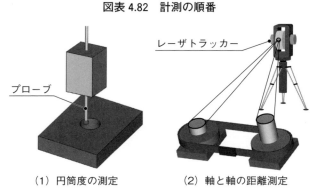

（1）円筒度の測定　　（2）軸と軸の距離測定

図表 4.83　計測方法

[6] 生産組立の関連情報のやり取り

受注製品「社会産業機器」のDTPD事例でも、図表4.73に示したように、生産組立と納品を組立部門に発注する組立手順書と生産組立発注手配書を作成した。組立手順書と生産組立発注手配書の作成には、発注作業の効率化と発注内容の正確さを考えて、デジタルマニュファクチャリングデータから依頼事項、作業と納品の条件を取り出して作成する。特に、組立手順書は、**図表4.84**に示すように、動画とドキュメントの2種類がある。動画は、ビューワまたはアニメーションで、生産組立作業がわかりやすく表現されており、海外工場向きに作成される。ドキュメントは、静止画と説明文書で、生産組立手順がわかりやすく表現され、国内工場向きに作成される。

ドキュメントタイプの組立手順書にXMLを使った。**図表4.85**に示すように、デジタルマニュファクチャリングツールで、組立手順書をXML形式で作成し、データ変換したHTML形式で組立者に送る。組立者は、Microsoft Wordに取り込ことで、**図表4.86**に示すように、ドキュメントベースの組立手順書を手にすることができる。組立者が、組立手順書を紙で印刷した時に見やすくなるように、工程ごとにページを変えて印刷できるように、改ページ処理を加えている。

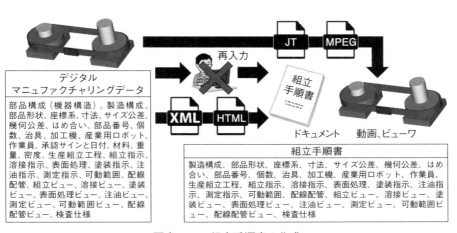

図表4.84　組立手順書の作成

```
<?xml version="1.0" encoding="Shift_JIS"?>
<!DOCTYPE html PUBLIC "-//W3C//DTD XHTML 1.0 Transitional//EN" "http://www.w3.org/TR/xhtml1/DTD/xhtml1-transitional.dtd">
<html xmlns="http://www.w3.org/1999/xhtml" xml:lang="ja" lang="ja">
<head>
<title>組立手順書</title>
</head>

<body>
工程番号　＜工程番号＞X0001　<br/></工程番号>
作業内容　＜作業内容＞　<br/>
負荷ベース（部品C）を組立台に置く。。<br/></作業内容>
<img src="組立手順書X0001v1.png" alt="Sample Image" width="400" height="450"/><br/>
</body>

<p style="break-after: page;"></p>

<body>
工程番号　＜工程番号＞X0002　<br/></工程番号>
作業内容　＜作業内容＞　<br/>
負荷プーリー（部品D）を負荷ベース<br/>
（部品C）の上に置く。<br/></作業内容>
<img src="組立手順書X0002v1.png" alt="Sample Image" width="400" height="450"/><br/>
</body>

<p style="break-after: page;"></p>

<body>
工程番号　＜工程番号＞X0003　<br/></工程番号>
作業内容　＜作業内容＞　<br/>
負荷軸（部品A）を、負荷プーリー（部<br/>
品D）と負荷ベース（部品C）に挿入する。<br/></作業内容>
<img src="組立手順書X0003v1.png" alt="Sample Image" width="400" height="450"/><br/>
</body>

<p style="break-after: page;"></p>

</html>
```

(1) XMLファイル

```
<!DOCTYPE html>
<html lang="ja">

<head>
<meta charset="UTF-8">
<title>組立手順書</title>
</head>

<body>
工程番号　＜工程番号＞X0001　<br/></工程番号>
作業内容　<br/><作業内容>
負荷プーリー（部品D）を負荷ベース<br/>
（部品C）の上に置く　<br/>
<img src="組立手順書X0001v1.png" alt="Sample Image" width="400" height="450"/> <br/>
</body>

<div style="page-break-after: always;"></div>

<body>
工程番号　＜工程番号＞X0002　<br/></工程番号>
作業内容　<br/><作業内容>
負荷プーリー（部品D）を負荷ベース<br/>
（部品C）の上に置く　<br/>
<img src="組立手順書X0002v1.png" alt="Sample Image" width="400" height="450"/> <br/>
</body>

<div style="page-break-after: always;"></div>

<body>
工程番号　＜工程番号＞X0003　<br/></工程番号>
作業内容　<br/><作業内容>
負荷軸（部品A）を、負荷プーリー（部<br/>
品D）と負荷ベース（部品C）に挿入する<br/>
<img src="組立手順書X0003v1.png" alt="Sample Image" width="400" height="450"/><br/>
</body>

</html>
```

(2) HTMLファイル

(3) 組立手順書（Microsoft Wordで印刷）

図表 4.85　XML による組立手順書の作成

第4章　3DAモデルからDTPDを作成し現場活用する：設計情報とものづくり情報の連携　217

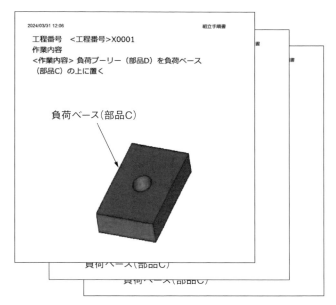

図表 4.86　完成した組立手順書

［7］　生産組立からの問題点フィードバック

　問題点連絡票は、生産組立において問題が発生した場合、組立部門で問題箇所と内容（例えば、組立ができない・メディア詰まりなど）をまとめた資料である。**図表 4.87** に示すように、組立者は、社会産業機器の問題点箇所を写真撮影または画像キャプチャーして、部品番号、発生日時、問題点の内容を書いて、問題点連絡票を作成する。

　問題点連絡票はドキュメントである。設計者は、問題点連絡票を確認して、3次元 CAD で、部品に問題点箇所と内容を再入力するが、再入力では、効率が悪いばかりか、誤った情報を入力することも考えられる。

　そこで、問題点連絡票に XML を使う。**図表 4.88** に示すように、加工者が、Microsoft Word を使って問題点連絡票を作成し、HTML 形式で出力し、データ変換した XML 形式で設計者に送る。図表 4.88 で示された問題点は、負荷プーリ（部品 D）、ベルト（部品 G）、メディア（部品 H）、負荷プーリサブ組立品（図表 4.77 の負荷プーリを参照）、ベルト搬送アセンブリの部品と組立品の 3DA モデルの属性およびリンク（関連情報）に書き込まれる。設計者は、3次元 CAD で、負荷プー

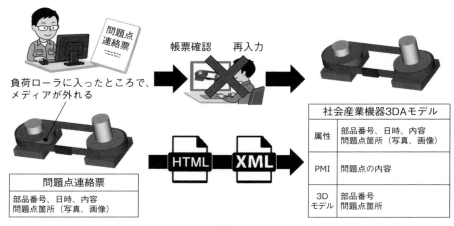

図表 4.87　問題点連絡票のフィードバック

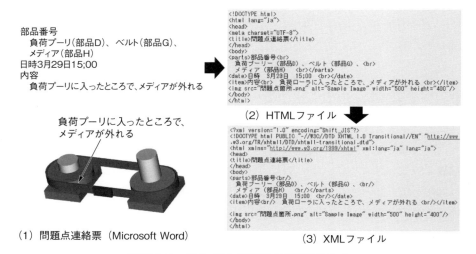

図表 4.88　XML による問題点連絡票の作成

リ（部品 D）、ベルト（部品 G）、メディア（部品 H）、負荷プーリサブ組立品、ベルト搬送アセンブリのいずれかにアクセスした時、問題点連絡票に気づく。設計者は、問題点連絡票を読み込み、社会産業機器 3DA モデルの属性に取り込む。問題点の内容を PMI で作成し、部品番号の 3D モデルの問題点箇所に PMI を設定する。設計者が、社会産業機器 3DA モデルを見ることで、効率的に問題点を解決して設計変更を考えることができる。問題点と設計変更は、生産組立の設計ノウハウ

第4章　3DAモデルからDTPDを作成し現場活用する：設計情報とものづくり情報の連携　219

となり、社会産業機器3DAモデルを流用する時に設計ノウハウを活用できる。

［8］　設計プロセス、3次元設計手法と運営ルールの強化

　これまで説明してきたように、社会産業機器の製品開発プロセスのものづくり情報を分析して、3DAモデルからDTPDを作成し、ものづくり工程で必要なデータを有機的に結合し、ものづくり工程が実施できるDTPDを確定した。

　さらに、コンカレントエンジニアリングによる機械設計と連携した電気電子設計とソフトウェア設計、製品設計とコンカレントエンジニアリングで連携した板金加工と生産組立で、どのものづくり情報を、どの単位で、どのように作成して、どのスキーマに入力するのかを、ものづくりプロセスとDTPD作成手法にまとめた。

　社会産業機器のDTPDの定義、3DAモデルの確認、DTPDに入力するものづくり情報のデータ種類、単位、内容、情報オーナーを運営ルールに追加した。

　社会産業機器の3DAモデルからDTPDを作成する、DTPDでものづくり工程を行うことに関して、設計情報のデータ種類、単位、内容、情報オーナーを追加および変更を行った。また、DTPDを効率的に作成と活用するために、製品設計時に盛り込むものづくり情報もでてきた。これらを、社会産業機器の3次元設計手法に追加した。

［9］　効果

　社会産業機器の板金加工・生産組立DTPD適用の効果を**図表4.89**に示す。3次元設計時のものづくり工数（図表2.42参照）と同様に、製品設計と製造・組立・保守のコンカレントエンジニアリングにより、出図前からものづくり工数が発生する。

　3DAモデルでは、ものづくり工程に必要な設計情報が集約されているので、設計情報確認の工数が減る。デジタル化された設計情報を、CAM、CAT、デジタルマニュファクチャリングツールにそのまま取り込めるので、設計情報の再入力の必要がなく、設計情報をものづくりDTPD作成作業に直接利活用できるので、出図前後のものづくり工数のピークが減った。

　社会産業機器では、製品設計と板金加工のコンカレントエンジニアリングをより促進するために、社会産業機器部品の特徴を考えて、板金部品3DAモデルの設計情報と板金加工DTPDのものづくり情報を関連させており、ものづくり情

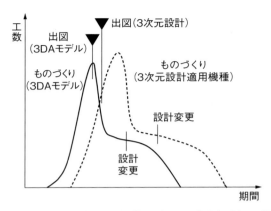

図表 4.89　ものづくり工数（板金加工・生産組立）の推移

報を自動生成している範囲も大きい。さらに、ものづくり工数のピークが減ると同時に、ものづくり期間も短縮する。

　3DA モデルとものづくり DTPD は要素間連携しているので、3DA モデルに施された設計変更がものづくり DTPD にも反映される。そのため、設計変更に応じたものづくり DTPD 変更の工数が削減され、設計変更時の工数のピークも減る。

第4章　3DAモデルからDTPDを作成し現場活用する：設計情報とものづくり情報の連携　221

〈コラム3　異なる専門知識を持つ設計者と生産技術者が協力するための鍵〉

　現代の製造業において、設計者と生産技術者の連携はますます重要である。しかし、設計者は製造プロセスに関する知識が不足しがちであり、生産技術者や加工者は製品の設計意図を十分に理解していないことが多い。

　設計者がその製品を作るための加工法や組み立て方を考えながら設計する場合は、例えば、部品形状や部品構成から加工法や組み立て方を考え、角Rや面取りの指定、寸法や公差の与え方を変える。その基本的な知識は身につけられても、フロントローディングにより、設計上流の設計工数は膨れ上がっており、日々進化する工作機械や工具の進歩に追従するには無理がある。また生産技術者や加工者は、設計者が3Dデータ、2D図面やドキュメントで説明しない限り、開発中の製品のことを知ることができない。

　このギャップを埋めるためには、BOP（製造工程表：Bill of Process）が重要な役割となる。BOPは、製造工程を詳細に記述したもので、製品をどのように作るかを示す重要なドキュメントである。製品の理解、工程の定義、リソースの特定、工程順序の決定、詳細な作業指示の作成、タイムスタディと最適化、ドキュメント化のステップで作成される。作業効率の向上、品質の一貫性、トレーサビリティなどのメリットがある反面、初期コストが高い、柔軟性の欠如、複雑さの増加、従業員の抵抗、情報漏洩のリスク、適切な管理と継続的な改善に対する負担といったデメリットもある。ただ、BOPの作成により、設計者の意図と生産技術者および加工者の製造プロセスに関する知識を統合し、最適な部品製造と生産組立が可能となる。

　これは3DAモデルからDTPDを作成するための重要なステップとなる。

第5章
3DA モデルと DTPD の進化：
実務上の課題を超えて、あるべき姿へ

5.1　3DA モデルと DTPD の課題：設計事例から得られた教訓

　第3章では、3DA モデルを利用した3次元設計工数の削減について説明した。第4章では、3DA モデルから DTPD を作成し、DTPD を利用して、ものづくり工数を削減することを説明した。

　本章では、製品開発をより効率化するために必要になる、3DA モデルと DTPD の課題について検討する。

［1］　事前準備

　図表 5.1 に示すように、3次元設計において 3DA モデルを利用するためには、設計情報調査分析と設計情報を、3DA モデルのデータへ置き換える必要がある。また、DTPD を利用したものづくりへ移行するには、さらにものづくり情報分析をして、そのものづくり情報を DTPD へデータを置き換えて、3DA モデルと DTPD を要素間連携する必要がある。

　3次元 CAD 設計から3次元設計へ移行した時にも、製品開発プロセス分析を行った。この場合の製品開発プロセス分析は、製品開発プロセスと課題を明確にすることが目的であった。これに対して、設計情報調査分析とものづくり情報分析では、それぞれの成果物の中の設計情報とものづくり情報を明確にするため、製品開発プロセス分析に比べて多くの工数が必要になる。

　設計情報を 3DA モデルのデータへ置き換える際には、設計情報を6つのスキーマで表現手段を決定して、設計情報のセマンティック表現と要素間連携、属性の定義、関連ドキュメントとのリンク整備、他システムで管理している設計情報とのリンク整備、用途に応じたマルチビューの設定を行う。日頃から設計管理が行われていれば、設計標準、管理規定、技術標準を利用できるが、そうでなけれ

第5章 3DAモデルとDTPDの進化：実務上の課題を超えて、あるべき姿へ　223

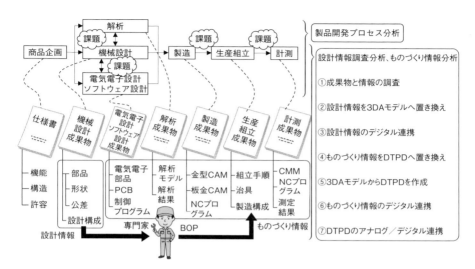

図表5.1　3DAモデル活用への事前準備

ば設計管理から開始しなければならない。3次元CAD、ビューワ、PLMなどのデジタルエンジニアリング、製造、生産組立、計測、生産管理に関する専門知識も必要になる。

ものづくり情報をDTPDのデータへ置き換える際には、分野の違いを超えた共通のスキーマが定まっていないので、さらに分野ごとにDTPDのスキーマを定めることが加わる。ものづくりは、製造、生産組立、計測、電気電子設計、ソフトウェア設計、解析と分野が幅広く、専門知識が必要になる。

設計構成（設計BOM）から製造構成（製造BOM）を作成する際には、生産組立の専門家のBOP（製造工程表：Bill of Process）が必要になる（**図表5.1**）。生産組立や製造などは、同じ工程でも、機器の違いにより方法やものづくり情報が異なる。ものづくりでは、試作品、部品、組立品、工具と治具といった実物を取り扱う必要があり、実物はアナログ情報となる。デジタル情報とアナログ情報の連携には、アナログ情報のデジタル化とインターフェイスの整備が必要になる。

事前準備では、まずは設計者が主体になって行うにしても、デジタルエンジニア、加工者、測定者、生産管理者、組立者、電気電子設計者、ソフトウェア設計者の参画が必要になる。

［2］ 技術ノウハウの流出

3DAモデルには、全ての設計情報がデジタル化され、表記だけでなく表現される。従来の2D図面や3Dデータでも、必要最低限の設計情報は表記されているが、それだけでは技術ノウハウを推測はできても、理解までは難しい。

図表5.2の例では、固定部とプーリ軸の2D図面は別々になっており、固定部の穴位置Lとプール軸の直径ΦDに関係があるとは考えにくい。3DAモデルでは、全ての設計情報が含まれ、設計情報はヒューマンリーダブルなセマンティック表現がされ、要素間連携により設計情報の関係も明らかになっているため、デジタルエンジニアリングにより設計情報を使ったシミュレーションも可能で、技術ノウハウを容易に知られてしまう危険性がある。3DAモデルは、一般的に十分なセキュリティ対策が整ったシステム上で運用されてはいるが、システムから紛失・流出・盗難があった場合、第三者へ技術ノウハウが流出するリスクが高まる。

また、DTPDにも、表記だけでなく、全てのものづくり情報がデジタル化されて表現されている。そのため、3DAモデルと同様に、技術ノウハウ流出のリスクがある。

最近の電機精密製品開発では、自社完結の形態は少なく、生産製造委託など、社外サプライヤーへ設計成果物を送って作業を代行してもらう場合が増えてきた。

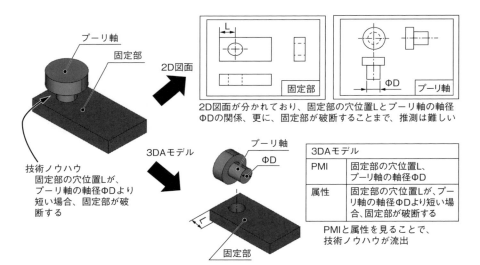

図表5.2　3DAモデルから、容易に技術ノウハウを推測できる

第 5 章　3DA モデルと DTPD の進化：実務上の課題を超えて、あるべき姿へ　225

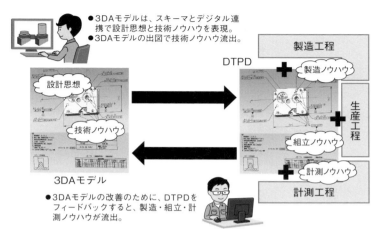

図表 5.3　3DA モデルと DTPD からの、ノウハウの流出

図表 5.3 の例にあるように、3DA モデルを出図することで、設計思想と技術ノウハウが生産製造委託に流出するリスクがある。同時に、製造委託発注元が、3DA モデルの品質向上を目的に、製造委託先に DTPD の提出を求めると、DTPD を通して製造ノウハウ、生産組立ノウハウ、計測ノウハウが流出するリスクがある。さらに、3DA モデルと DTPD の所有権や著作権といった知的財産の取り扱いも今後重要になってくる。

最近では、他産業界への機能ユニットの供給や共同開発などで、より高度な技術情報を共有することも増えてきているため、共有すべき設計情報と共有しない設計情報を区別する必要がある。

［3］　伝わる情報の限界（強力なインフラが必要不可欠）

3DA モデルと DTPD は、マシンリーダブルとヒューマンリーダブルの両方を兼ね備えている。そのため、媒体（ディスプレイ、紙、モバイル機器）の種類によらず、両方の表現ができることが望まれる。図表 5.4 の例では、セマンティック PMI とマルチビューと 2D ビューにより、3DA モデルから 2D 図面を作成できる。しかしながら、2D 図面は設計情報の表記が限界であり、設計情報の要素間連携の全てを 2D 図面上で表現することは難しい。そのため、3DA モデルを表示する 3 次元 CAD またはビューワのソフトウェア、ソフトウェアを動かすコンピュータなどのハードウェア、3DA モデルをグループ設計で共有するための PLM

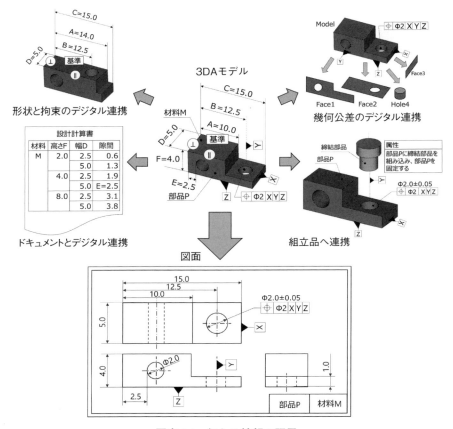

図表 5.4　伝わる情報の限界

とネットワークが必要になる。

[4] データの大容量化

3DA モデルには、全ての設計情報が集約しており、出図以降には設計変更情報も入ってくる。そのため、大規模な製品、仕様変更が多い製品、長い開発期間を必要とする製品では、膨大なデータ容量になることが十分に考えられる。また、3DA モデルに加えて、DTPD のデータ容量も増大する。

図表 5.5 の例では、5 MB のデータ容量の樹脂部品 3DA モデルに対して、金型加工・樹脂成形 DTPD のデータ容量は 36 MB にもなる。これに計測結果を含む

第 5 章　3DA モデルと DTPD の進化：実務上の課題を超えて、あるべき姿へ　　227

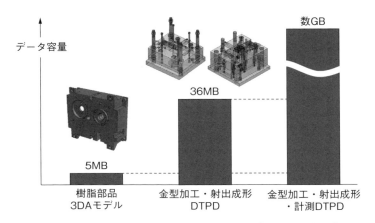

図表 5.5　3DA モデルと DTPD 活用によるデータの大容量化

計測 DTPD が加わると、数 GB にもなる。

　3DA モデルと DTPD の利用には、より計算能力が高いハードウェア、大容量データ転送に対応可能なネットワーク、膨大な設計案を管理するためのデータ管理のソフトウェアが必要になる。

5.2　3DA モデルと DTPD の展望：ものづくり DX に向けたステップ

　3DA モデルと DTPD の課題は、企業や産業界の取り組みだけでは解決できないものもあり、産業界や国を超えた取り組み、そして、より高度な技術開発が必要になるものもある。

　ここでは、3DA モデルと DTPD の展望を、いくつか考えながら、その課題解決のヒントを述べる。

［１］　産業界や国を超えた取り組みと標準化

　3DA モデルと DTPD は、電機精密製品産業界だけでなく他の産業界、そして日本だけでなく世界に広く通用するために、国際標準に基づいた内容でなければならない。例えば、3DA モデルに織り込まれた設計情報が正しく判断されなければ、設計開発部門は期待通りの部品を手に入れることができない。DTPD が国内工場と海外工場で異なった判断をされたのでは、国内向け DTPD ルールと海外

向け（各国向け）の DTPD ルールを整備する必要が起きてしまい、経済的ではない。そのため、国際標準に基づいたルールでなければならない。

3DA モデルに関する国際標準は、**図表 5.6** に示すように、3 次元表示と 3 次元フォーマットに大きく分かれる。3 次元表示は、人間が設計情報を正しくかつ一義的に認識できるように、3 次元 CAD 上での設計情報の表記方法を決めた国際標準である。代表的な国際標準が、ISO 16792（3 次元製図）、ASME Y14.41（デジタル製品定義）などである。これらは、機械（主としてコンピュータ）が設計情報を正しくかつ一義的に読み込み認識するように、設計情報の表現形式を決めた国際標準である。代表的な国際標準が、STEP AP242（ISO 10303-242）、JT（ISO 14306）、PDF（ISO 32000 および ISO 24517）、QIF（ISO 23952）などである。

3DA モデルは、3 次元表示と 3 次元フォーマットの両方を満足するハイブリッドな国際標準でなければならないため、これを目指す活動が進められている。

最初の活動が MIL-STD-31000B の開発である。MIL 規格（Military Standard）とは、一般的にアメリカ軍が必要とする様々な物資の調達に使われる規格を総称した表現。MIL-STD-31000B はアメリカ軍への物資の技術情報の表現、主とし

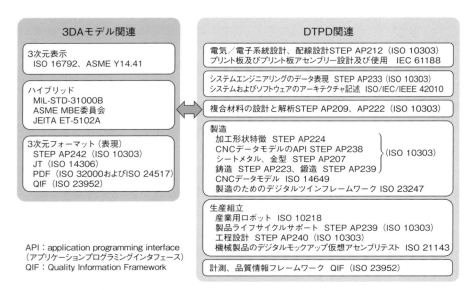

図表 5.6　3DA モデルと DTPD に関わる国際標準

て 3D データを中心とした技術情報のデータ表現標準である。これは、アメリカ軍が 3D データ内の膨大な設計情報を読み取るための 3D データ表現に関するもので、技術者・製造担当者・検図承認者・調達部門など人間の認識のしやすさを対象としている。製品データは TDP（Technical Data Package）と呼ばれる中核的な技術情報群、部品に関連する情報群、組立品に関連する情報群から構成される。XML（Extensible Markup Language：任意の用途向けの言語に拡張することを容易としたことが特徴のマークアップ言語）で全ての情報を階層化しており、技術情報を見やすく可視化する情報群（表示階層・表示属性など）も階層化している。

2.10［1］の 2D 図面レスで説明したように、3D 単独図において、2D 図面の設計情報を 3D モデルにすべて書き込むと設計情報が互いに重なって表示されるため、人間が認識し難くなるという課題が指摘されたが、階層化された表示階層・表示属性はこの課題の解決に必要である。また、全ての設計情報が階層化できたことで、機械が読み込み認識できる可能性がでてきた。その後、上記のデータ定義は ASME Y 14.47 として、2019 年に ASME 規格が発行されている。2023 年に、3D モデルの構造と関連情報を整理、効率的に管理するための枠組みが加えられている。

もう 1 つの活動が ASME MBE 委員会である。2019 年から ASME で新たに立ち上げられた委員会で、3D CAD データの存在を前提とした MBD/MBE のルール作りを目指している。MBD は Model Based Definition の略語であり、3DA モデルと同義である。MBE は Model Based Enterprise の略語であり、DTPD を活用した企業活動全体のことを指すものである。アメリカでは、2014 年頃からすでに MBD と MBE の活動が進められていた。MBD は全ての設計情報を完全にデジタルデータとして定義することである。MBE は MBD を全ての企業およびサプライヤーを含めた活動（生産・製造・計測・物流・販売・保守サービス・顧客評価のフィードバッグ）で活用し、そのメリットを最大限に生かすことである。MBD の検討範囲は、幾何公差指示、効率的なモデリング手法で作成した幾何形状、3 次元空間上の表、設計変更指示、鋳造、鍛造、成形部品など広範囲になっている。MBE では人間と機械が読み込み認識できるかどうか、単純な表記だけでなく、その意味まで解釈ができるかどうかを検討している。

DTPD に関する国際標準は、図表 5.6 に示したように、電気電子設計、ソフト

ウェア設計、製造、生産組立、計測などに広がる。電気電子設計では、STEP AP212、IEC 61188 などがある。ソフトウェア設計では、STEP AP233、ISO/IEC/IEEE 42010 などがある。製造では、STEP AP224、STEP AP238、STEP AP207、STEP AP223、STEP AP239、ISO 14649、ISO 23247 などがある。生産組立では、ISO 10218、STEP AP239、STEP AP240、ISO 21143 などがある。計測では、QIF（ISO 23952）などがある。製造、生産組立、計測では、ハードウェア（工作機械、組立機械、産業ロボット、CMM［三次元測定機］など）の種類が多く、調整範囲が広くなり、標準化の難しさが増す。ものづくり情報をデジタルデータとして表現することが中心ではあるが、ものづくり情報のセマンティック表現、設計情報とのデータ交換が進んでいくと思われる。

　ユーザー側としても、3DA モデルと DTPD の国際標準化に繋がる事例の発表など、働き掛けが重要である。同時に、**図表 5.7** に示すように、国際標準となった 3DA モデルと DTPD の利用促進も重要になる。

　ユースケースとは、利用者があるシステムを用いて特定の目的を達するまでの、双方の間のやり取りを明確に定義したもので、3DA モデルと DTPD の国際標準を、どのように業務の中で使えば、効果が発揮されるのかといった参考事例である。テンプレートとは、文書などのコンピュータデータを作成する上で雛形となるデータ、あるいは雛形そのものである。極端に言えば、3DA モデルと DTPD

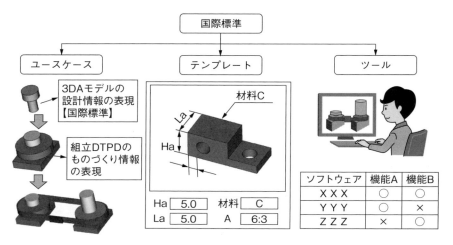

図表 5.7　3DA モデルと DTPD の国際標準の産業化（利用促進）

第 5 章　3DA モデルと DTPD の進化：実務上の課題を超えて、あるべき姿へ　　231

の国際標準を十分に理解しなくても、必要なデータを入力して結果を求めることで、その効果をいち早く認識できる。

　ツール（ソフトウェアやシステム）は、ソフトウェアベンダーが開発するものだが、ツールが 3DA モデルと DTPD の国際標準に基づいた機能を実装しているか、定期的に評価して公表することも重要である。

［2］　インフラの強化とクラウドコンピューティング

　大容量データとなった 3DA モデルと DTPD の取り扱いで問題となるのは、パソコンの計算能力よりも、ネットワークの通信パフォーマンスの方である。その理由は、3 次元 CAD（クライアント）と PDM／PLM（サーバ）、設計部門と生産組立部門と製造部門、OEM とサプライヤーといったデータのやり取りをする機会が大幅に増えるからである。また、ビデオ会議やチャットなど複数のアプリケーションを同時に使う機会も増える。通信パフォーマンスの悪化は、ネットワーク速度の遅さではなく、インターネット回線の帯域不足に原因がある。アプリケーションごとに必要な帯域を調べてみると、3 次元 CAD では 7〜10 Mbps、ビデオ会議では 1〜3.2 Mbps となっている。Web 会議や CAD などの複数のアプリケーションを使っている場合、多くの帯域が必要になる。

　また、3DA モデルと DTPD の運用では、最新の ICT 技術を導入してパフォーマンスを向上するだけでなく、コスト低減を考えることも大切になる。クラウドコンピューティングなどにより、コストパフォーマンスを大きく改善できる可能性もある。

　従来のコンピュータ環境は、**図表 5.8**(1)に示すように、サーバとクライアントを社内ネットワークで繋げたものであった。そのため、サーバ、クライアント（パーソナルコンピュータ）、ネットワーク回線などのハードウェアと、3 次元CAD、PDM／PLM などのソフトウェア自体を利用者が必要なだけ購入していた。ハードウェア性能の限界を超えると動作が遅くなり、ストレージの容量を超えたら、それ以上の記憶ができない。古いハードウェアになると、動作維持やセキュリティ確保の対応ができない。ソフトウェアの本数よりも多く、設計者を増員しても、ソフトウェアを利用できない設計者が発生し、製品開発強化に結び付かない。ハードウェア更新やソフトウェア追加購入のによっても、再び大きな投資が必要になる。

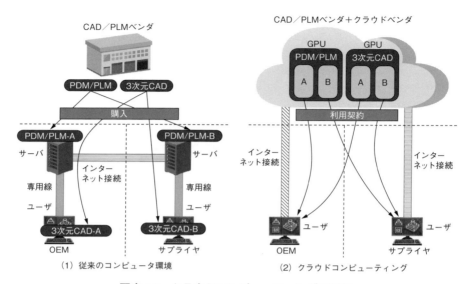

図表 5.8 クラウドコンピューティングの種類

　クラウドコンピューティングでは、図表 5.8(2) に示すように、ソフトウェア稼動に必要なインフラ（ハードウェア、OS、ミドルウェア）をクラウドで提供するサービスを利用する。CAD ベンダーによっては、3 次元 CAD や PLM などのソフトウェアをクラウドで提供するサービスをしている。その場合、ソフトウェアをクラウド経由で利用するため、インストールが不要になり、バージョンアップも自動的に行われるので、最新バージョンのソフトウェアを利用できる。ソフトウェアの利用本数も、必要なときに必要な本数を選べる。

[3]　集約した設計情報／ものづくり情報を知識として幅広く活用

　3DA モデルと DTPD の目的は、3 次元設計とものづくり工程からなる製品開発の効率向上である。そのために、設計情報とものづくり情報をデジタル化して集約し、要素間連携により設計思想や技術ノウハウを表現した。ここでさらに、効率向上だけでなく、幅広い活用により 3DA モデルと DTPD の価値を高めることはできないだろうか。

　その 1 つが知識活用である。図表 5.9 に示すように、設計仕様書や要求事項を文章表現して、生成系 AI に入力し、3D データイメージを生成する。例えば、「媒体を傷つけずに運ぶ、運ぶ途中で媒体に印刷する、運ぶ途中で媒体の枚数を数え

第 5 章　3DA モデルと DTPD の進化：実務上の課題を超えて、あるべき姿へ　　233

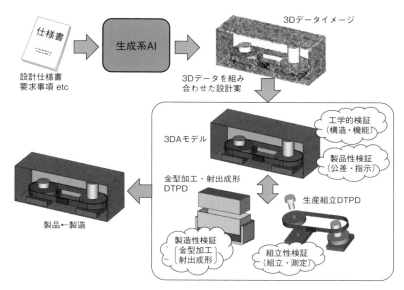

図表 5.9　3DA モデルと DTPD の知識活用

る、紙に汚れをつけない、人が媒体で傷つかない」といった文章を、生成系 AI に入力すると、ベルト搬送、媒体の固定部品、プリンタ、カウンタ、モータ、カバーから構成される 3D データイメージなどが生成される。ここで、3D データイメージを、3D データを組み合わせた設計案の 1 つと考えて、設計を継続する。すなわち、ベルト搬送、媒体の固定部品、プリンタ、カウンタ、モータ、カバーを、既存の 3DA モデルから検索するか、3D データを参考にして類似の 3DA モデルを検索することで、設計構成の検討、動作の設計計算などの工学的検証して、公差や製造指示などの製品性検証ができる。

このような形で 3DA モデルを DTPD に取り込み、ものづくり工程を進める。すなわち、カバーの 3DA モデルから金型加工・射出成形 DTPD を作成して、金型加工と射出成形の製造性を検証できる。ベルト搬送系の 3DA モデルから生産組立 DTPD を作成して、組立方法や計測方法の組立性を検証することもできる。

上記はあくまで例ではあるが、3DA モデルと DTPD は、設計情報とものづくり情報をデジタル化して集約しているだけではなく、要素間連携により設計思想や技術ノウハウを知識として活用できる。

ここで「板金部品 3DA モデルと板金加工 DTPD による組立不具合の解決事例」

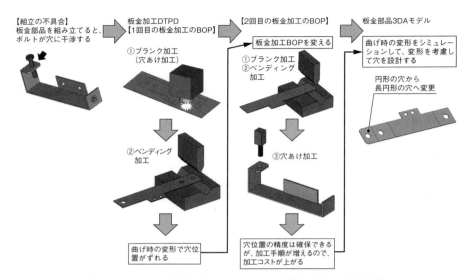

図表 5.10　3DA モデルと DTPD による組立不具合の解決例

を通して、知識活用を詳しく説明する。**図表 5.10** に示すように、板金部品を組み立てる時に、ボルトが穴に入らずに干渉して組み立てられないといった不具合が発生した事例を取り上げる。

　まず、板金部品 3DA モデルを板金加工 DTPD に取り込む。板金加工 DTPD には、一般的な板金加工の BOP（製造工程表：Bill of Process）、すなわち、穴あけ加工を含むブランク加工を先にして、次にベンディング加工する BOP を適用する。板金加工 DTPD には、ものづくり知識が含まれる。この中で、素材を曲げた時の変形で、穴の位置がずれるといった知識がある。これは不具合内容と一致する。そこで、板金加工 BOP を変更する。すなわち、穴あけを除くブランク加工、次にベンディング加工をして、最後に穴あけ加工する BOP を適用する。板金加工 DTPD のものづくり知識から、穴位置の精度は確保できるが、加工手順が増えるので、加工コストが上がる。加工コストの増加は認められないという条件があれば、板金加工 DTPD から曲げの負荷条件と、板金部品 3DA モデルの FEA（有限要素解析：Finite Element Analysis）モデルから、曲げ時の変形をシミュレーションして、変形を考慮して、円形穴から長円形穴に変更する。

　このように、板金部品 3DA モデルの設計情報（知識）と板金加工 DTPD のものづくり情報（知識）により、組立の不具合を解決できる。

第 5 章　3DA モデルと DTPD の進化：実務上の課題を超えて、あるべき姿へ　　235

〈コラム 4　CAx から MBx への移行〉

　製造業におけるデジタル化の進展に伴い、CAx（Computer-Aided Technologies）から MBx（Model-Based X）への移行が進んでいる。

　CAx は、コンピュータを活用して設計や製造を支援する技術の総称である。具体的には、CAD（Computer-Aided Design）、CAM（Computer-Aided Manufacturing）、CAE（Computer-Aided Engineering）などが含まれる。

　これらの技術は、設計の自動化やシミュレーションを通じて、製品開発プロセス（個々の工程）の効率化を図る。ただし、設計なら設計者、部品製造なら加工者、生産組立なら生産技術者と加工者、解析から解析者といったように、工程ごとに専任担当者が決まっていて、自工程完結の部分最適である。製品開発プロセスで設計情報やものづくり情報の連続性が重要とは言っても、そこには工程間で設計意図やものづくり意図を結びつける手段がなかった。

　MBx は、製品やシステムの開発において、コンピュータ上で動作する「モデル」を使用して開発・検証を行う手法である。CAx 最盛期の時代と比較して、設計情報やものづくり情報がデジタル化され、設計意図やものづくり意図も表現できるようになって、開発・検証範囲が大幅に広がった。近年では、プラットフォームビジネス（他社も含めてビジネスを展開する場を提供し新たな価値を生み出す）、エコシステム（自社開発製品が開発段階で想定していない使用や結合により新たな価値を生み出す）、コトビジネス（製品を販売するのではなく、製品がもたらす効能を販売する）に代表される新しいビジネスが加わり、事業そのものが多様化してきた。それに伴い、製品開発プロセスは、自工程完結の部分最適から全体最適（全体で製品サービスの完成度を高める）に変わってきた。工程間で連続的に「モデル」を繋ぐことにより、製品開発プロセスが効率化され、品質を向上できる。

おわりに

　電機精密製品開発では、製品開発期間短縮と工数削減、コスト削減、品質向上が重要である。

　3次元CAD設計、3次元設計、3DAモデル、DTPD、3D正運用の取り組みは、特に、製品開発期間短縮と工数削減を追求してきた。これは、Time to Marketが重要と考えられたからである。Time to Marketは、ある製品の発売を企画してから、製品として市場に投入するまでの時間を指す。先行者が同じ営業・市場企画力であれば、先に市場に参入した方が有利であると考えられていた。つまり、Time to Marketでは、製品を先行・差別化して一気にシェアを取ることを目指した。

　しかし、プラットフォームビジネス（他社も含めてビジネスを展開する場を提供し新たな価値を生み出す）、エコシステム（自社開発製品が開発段階で想定していない使用や結合により新たな価値を生み出す）、コトビジネス（製品を販売するのではなく、製品がもたらす効能を販売する）に代表される新しいビジネスが加わり、事業そのものが多様化してきた。必ずしも、Time to Marketが重要とは限らなくなった。生成系AI（AI Artificial Intelligence：人工知能）やRPA（Robotic Process Automation：業務自動化ソリューション）に代表されるDX（デジタルトランスフォーメーション）を積極的に活用して、さらなる業務の効率化と新しい価値の創造を進めていかなければならなくなった。

　DXでは、形状やドキュメントなどの対象物データが、特徴や用途を含めて連携したデジタルデータで表現されていなければならない。しかしながら、電機精密製品産業界では、設計情報の伝達は2D図面が主体である。2D図面はアナログデータであるため、技術情報や経済情報などのデジタルデータとの連携ができず、ここでも2D図面が足かせになっている。3DAモデルとDTPDは、設計情報とものづくり情報をデジタル化しただけでなく、デジタル連携により設計意図やものづくり技術ノウハウを表現できる。そのため、2D図面主体から、3DAモデルとDTPD主体へ切り換え、パラダイムシフト（刷新）が求められる。

　電機精密製品開発の現場は、コンピュータや3次元CADなどの設備、長年に

おわりに　　237

渡って培ってきた製品開発プロセス、製品開発プロセスに関わる人達の意識を無視できないので、必ずしも、パラダイムシフト（刷新）が得意ではない。本書は、現状の製品開発を3DAモデルとDTPDと3D正運用に移行する具体的な手順や方法を示した。電機精密製品産業界だけでなく、幅広く産業界に役立てれば幸いである。

　最後に、本書の出版に際して、JEITA三次元CAD情報標準化専門委員会の稲城正高さん、相馬淳人さん、中村聡さん、村田弘和さんには、貴重な意見や提案をいただいた。深く感謝いたします。また、出版に至るまでの過程で、大変お世話になった日刊工業新聞社出版局の関係者にもお礼を申し上げます。

〈参考文献〉

序章

（1）JEITA 三次元 CAD 情報標準化専門委員会、3DA モデル（3 次元 CAD データ）の使い方と DTPD への展開、（日刊工業新聞社）、2021 年

第 1 章

（1）宮野正克、奥津光博、失敗例に学ぶ CAD/CAM：成功へのアプローチ、（工業調査会）、1987
（2）Bart Huthwaite, STRATEGIC DESIGN A guide to Managing Concurrent Engineering,1994

第 2 章

（1）藤本隆宏、ものづくり経営学・製造業を超える生産思想、光文社、2007 年
（2）高達秋良、設計管理のすすめ方、（日本能率協会マネジメントセンター）、1992 年
（3）（社）日本技術士会経営工学部会　生産研究会、これならわかる生産管理・14 の個別管理プロセスを 1 冊に体系化、（工業調査会）、2009 年

第 3 章

（1）JEITA 三次元 CAD 情報標準化専門委員会、3DA モデル（3 次元 CAD データ）の使い方と DTPD への展開、（日刊工業新聞社）、2021 年
（2）ET-5102A、JEITA 規格「3DA モデル規格　普通公差」、2021 年
（3）JIS B 0060-1:2015　デジタル製品技術文書情報—第 1 部：総則
（4）JIS B 0060-2:2015　デジタル製品技術文書情報—第 2 部：用語
（5）JIS B 0060-3:2017　デジタル製品技術文書情報—第 3 部：3DA モデルにおける設計モデルの表し方
（6）JIS B 0060-4:2017　デジタル製品技術文書情報—第 4 部：3DA モデルにおける表示要求事項の指示方法 – 寸法及び公差
（7）JIS B 0060-5:2020　デジタル製品技術文書情報—第 5 部：3DA モデルにおける幾何公差の指示方法
（8）JIS B 0060-6:2020　デジタル製品技術文書情報—第 6 部：3DA モデルにお

〈参考文献〉　239

ける溶接の指示方法

（9）JIS B 0060-7:2020　デジタル製品技術文書情報―第7部：3DA モデルにおける表面性状の指示方法

（10）JIS B 0060-8:2021　デジタル製品技術文書情報―第8部：3DA モデルにおける非表示要求事項の指示方法

（11）JIS B 0060-9:2021　デジタル製品技術文書情報―第9部：DTPD 及び 3DA モデルにおける一般事項

（12）JIS B 0060-10:2022　デジタル製品技術文書情報―第10部：組立 3DA モデルの表し方

（13）JEITA 三次元 CAD 情報標準化専門委員会、JEITA 3DA モデル板金部品ガイドライン―「製品設計」と「板金部品設計・製作」間での 3DA モデルの有効な活用方法―Ver1.2.、2019 年

（14）JEITA 三次元 CAD 情報標準化専門委員会、JEITA 3DA モデル金型工程連携ガイドライン―「製品設計」と「金型設計・製作」間での 3D 単独図の有効な活用方法―プラスチック部品編　Ver.2.、2020 年

（15）JEITA 三次元 CAD 情報標準化専門委員会、JEITA 3DA モデル測定ガイドライン　Ver.1.、2016 年

（16）J. B. Herron, Re-Use Your CAD: The Model-Based CAD Handbook, 2013

（17）小池　忠男、"サイズ公差"と"幾何公差"を用いた機械図面の表し方、日刊工業新聞社、2018 年

（18）鈴木　真人、萩原　あづみ、めざせ！最適設計 実践・公差解析、（日刊工業新聞社）、2013 年

（19）ASME Y14.5 – 2018, Dimensioning and Tolerancing, 2018

（20）ものづくり人材アタッセ、わかる！使える！射出成形入門、（日刊工業新聞社）、2018 年

（21）遠藤順一、技術大全シリーズ・板金加工大全、（日刊工業新聞社）、2017 年

（22）岡本彬良、よくわかるプリント基板回路のできるまで―基板設計、解析、CAD から DFM まで、（日刊工業新聞社）、2005 年

（23）（社）日本技術士会経営工学部会　生産研究会、これならわかる生産管理・14 の個別管理プロセスを 1 冊に体系化、（工業調査会）、2009 年

第 4 章

（ 1 ） JEITA 三次元 CAD 情報標準化専門委員会、3DA モデル（3 次元 CAD デー
タ）の使い方と DTPD への展開、（日刊工業新聞社）、2021 年

（ 2 ） ET-5102A、JEITA 規格「3DA モデル規格　普通公差」、2021 年

（ 3 ） Hedberg Jr, T.D., Fischer, L., Maggiano, L., & Barnard Feeney, A. (2016).
Testing the Digital Thread in support Model-Based Manufacturing and
Inspection. Journal of Computing and Information Science in Engineering,
16(2), 1-10. Doi:10.1115/1.4032697

（ 4 ） 稲城正高、米山猛、設計者に必要な加工の基礎知識・改訂新版（実際の設計
選書）、（日刊工業新聞社）、2022 年

（ 5 ） JIS B 0060-10:2022　デジタル製品技術文書情報—第 10 部：組立 3DA モデ
ルの表し方

（ 6 ） JEITA 三次元 CAD 情報標準化専門委員会、JEITA 3DA モデル板金部品ガ
イドライン—「製品設計」と「板金部品設計・製作」間での 3DA モデルの
有効な活用方法—Ver1.2.、2019 年

（ 7 ） JEITA 三次元 CAD 情報標準化専門委員会、JEITA 3DA モデル金型工程連
携ガイドライン—「製品設計」と「金型設計・製作」間での 3D 単独図の有
効な活用方法—プラスチック部品編　Ver.2.、2020 年

（ 8 ） JEITA 三次元 CAD 情報標準化専門委員会、JEITA 3DA モデル測定ガイド
ライン　Ver.1.、2016 年

（15） ものづくり人材アタッセ、わかる！使える！射出成形入門、（日刊工業新聞
社）、2018 年

（16） 遠藤順一、技術大全シリーズ・板金加工大全、（日刊工業新聞社）、2017 年

（17） 岡本彬良、よくわかるプリント基板回路のできるまで—基板設計、解析、
CAD から DFM まで、（日刊工業新聞社）、2005 年

第 5 章

（ 1 ） MIL-STD-31000B, MILITARY STANDARD: TECHNICAL DATA
PACKAGE (TDP)、2018 年

（ 2 ） ASME MBE 委員会、MBE Recommendation Report, 2018 年

（ 3 ） ASME Y14.41-2019, Digital Product Definition Data Practices, 2019 年

〈参考文献〉 241

（4） ISO 16792：2021 Technical product documentation — Digital product definition data practices

（5） ASME Y14.41-2019, Digital Product Definition Data Practices, 2019 年

（6） ISO 10303-242：2022 Industrial automation systems and integration — Product data representation and exchange, Part 242: Application protocol: Managed model-based 3D engineering

（7） ISO 14306：2017 Industrial automation systems and integration — JT file format specification for 3D visualization

（8） ISO 32000-1：2008 Document management — Portable document format Part 1: PDF 1.7PDF

（9） ISO 24517-1：2008 Document management — Engineering document format using PDF Part 1: Use of PDF 1.6 （PDF/E-1）

（10） ISO 23952：2020 Automation systems and integration — Quality information framework （QIF） — An integrated model for manufacturing quality information

（11） ISO 10303-212：2001 Industrial automation systems and integration — Product data representation and exchange, Part 212: Application protocol: Electrotechnical design and installation

（12） IEC 61188 Printed boards and printed board assemblies – Design and use

（13） ISO 10303-212：2001 Industrial automation systems and integration — Product data representation and exchange, Part 212: Application protocol: Electrotechnical design and installation

（14） ISO/IEC/IEEE 42010：2022 Software, systems and enterprise — Architecture description

（15） ISO 10303-224：2006 Industrial automation systems and integration — Product data representation and exchange, Part 224: Application protocol: Mechanical product definition for process planning using machining features

（16） ISO 10303-238：2022 Industrial automation systems and integration — Product data representation and exchange, Part 238: Application protocol: Model based integrated manufacturing

(17) ISO 10303-207:1999 Industrial automation systems and integration — Product data representation and exchange, Part 207: Application protocol: Sheet metal die planning and design

(18) ISO 10303-223:2008 Industrial automation systems and integration — Product data representation and exchange, Part 223: Application protocol: Exchange of design and manufacturing product information for cast parts

(19) ISO 10303-239:2012 Industrial automation systems and integration — Product data representation and exchange, Part 239: Application protocol: Product life cycle support

(20) ISO 14649 Industrial automation systems and integration — Physical device control — Data model for computerized numerical controllers

(21) ISO 23247 Automation systems and integration — Digital twin framework for manufacturing

(22) ISO 10218 Robots and robotic devices — Safety requirements for industrial robots

(23) ISO 10303-240:2005 Industrial automation systems and integration — Product data representation and exchange, Part 240: Application protocol: Process plans for machined products

(24) ISO 21143:2020 Technical product documentation — Requirements for digital mock-up virtual assembly test for mechanical products

(25) 令和5年度　情報通信白書、第11節　データ流通を支える通信インフラの高度化

(26) JEITA三次元CAD情報標準化専門委員会、3次元設計のクラウドコンピューティング利用技術レポート、2022年

(27) 鹿子木宏明、プラスサムゲーム、（ディスカヴァー・トゥエンティワン）、2023年

(28) 三好大悟、ビジネスの現場で使えるAI＆データサイエンスの全知識（できるビジネス）、（インプレス）、2022年

〈著者紹介〉

●藤沼知久（ふじぬま　ともひさ）
1983 年(株)東芝に入社し、家電から重電機器まで幅広く、三次元 CAD・CAE・
PLM・設計プロセス改革に従事。技術士（機械部門）。2010 年から JEITA 三次元
CAD 情報標準化専門委員会に参加し、電機精密産業界での 3DA モデル／DTPD
の企画推進を行っている。日本機械学会会員、PTC ジャパン・ユーザ会会員。

〈一般社団法人電子情報技術産業協会（JEITA）三次元 CAD 情報標準化専門
委員会の紹介〉

　JEITA 三次元 CAD 情報標準化専門委員会は、日本の主要な電機精密製品
製造企業（22 社）から構成され、2007 年 9 月に設立された。ツールに依存し
ない三次元 CAD 情報を有効に活用する業界標準の確立と、関連業界内に広
く普及させていくことで、我が国のものづくり技術の進歩、すなわち設計・
製造の革新と高度化を図ることを目的としている。委員会での成果は業界標
準（JEITA 規格）として制定・発行し、更に、これを広く普及させていくと
ともに、日本産業規格（JIS）への提案、さらには ISO における国際標準の
確立を目指している。

3次元設計手順の課題解決と
3DAモデル・DTPDによるものづくり現場活用

NDC 531.9

2024年11月12日　初版1刷発行

(定価はカバーに
表示してあります)

ⓒ　著　者　藤沼　知久
　　発行者　井水　治博
　　発行所　日刊工業新聞社
　　　　　　〒103-8548　東京都中央区日本橋小網町14-1
　　電　話　書籍編集部　03（5644）7490
　　　　　　販売・管理部　03（5644）7403
　　FAX　03（5644）7400
　　振替口座　00190-2-186076
　　URL　https://pub.nikkan.co.jp/
　　e-mail　info_shuppan@nikkan.tech
　　印刷・製本　美研プリンティング㈱

落丁・乱丁本はお取り替えいたします。
2024 Printed in Japan
ISBN 978-4-526-08358-7

本書の無断複写は、著作権法上の例外を除き、禁じられています。